감리사
기출풀이

저자 서문

우리나라에서 어떤 자격이든 일정한 역할을 수행할 수 있는 권한을 국가로부터 부여받았다는 것은 자신이 직업을 택하거나 활동함에 있어 큰 장점이 아닐 수 없습니다. 이미 우리나라를 포함하여 글로벌하게 전통적인 IT시스템을 포함하여 스마트환경, 유비쿼터스 환경으로 인한 컨버젼스 환경 등 IT에 대한 영역이 기하 급수적으로 증가하고 있습니다. 이에 따라 IT시스템 구축 및 운영 등에 대한 제3자적 전문가 품질 체크활동이 중요해질 수 밖에 없는 시대적인 환경이 되었고 우리나라에서는 이것을 수행할 수 있는 전문가를 수석감리원, 감리원으로 법적으로 규정하여 매년 시험으로 관련전문가를 선발해 내고 있습니다.

수석감리원이 될 수 있는 정보시스템 감리사는 각종 IT시스템에 대해 권한을 가지고 감리를 수행할 수 있는 자격으로서 의미가 큽니다. 자신이 수행해 왔던 전문성에 기반하여 다양한 영역을 학습한 통찰력을 바탕으로 다른 사람이 수행하는 시스템에 대해서 진단과 평가 및 개선점을 컨설팅을 수행 할 수 있습니다. 이는 자신의 전문가적 역량을 공식적인 권한을 가지고 많은 프로젝트나 운영환경에서 적용할 수 있는 기회가 되기도 하면서 또 한편으로 감리를 수행하는 당사자의 전문성을 더 넓히는 아주 좋은 기회가 되기도 합니다.

수석감리원이 되기 위한 두 가지 방법은 정보시스템감리사가 되거나 정보처리기술사가 되는 두 가지 방법이 있습니다. 두 개의 자격은 우리나라를 대표하는 최고의 자격이며 공교롭게 이를 취득하기 위해 학습해야 하는 범위가 80%가 비슷하다고 할 수 있습니다. 따라서 감리사를 학습하다 기술사를 학습할 수 있고, 반대로 기술사를 학습하다가 감리사를 학습하는 경우가 많이 있습니다.

어떤 자격시험이든 기출문제를 기반으로 학습을 해야 하는 것은 누구나 아는 사실일 것입니다. 이 책은 정보시스템감리사를 취득하기위해 참조해야 하는 기출문제에 대해서 회차별로 나온문제를 과목 및 주제별로 묶어내어 그 동안 출제되었던 기출문제를 통해 감리사의 핵심 학습을 유도하는 책이라 할 수 있습니다.
주제별로 포도송이처럼 문제들이 묶여 있기 때문에 각 주제별로 출제된 문제의 유형을 따악하는데 용이하고 관련된 지식을 학습하여 학습하는 사람이 효율적으로 학습하도록 내용을 구성하였습니다.

기출문제 풀이의 전문성을 높이기 위해 각 분야에서 가장 잘 이해하고 있는 감리사/기술사가 문제를 풀고 관련지식을 정리하였기 때문에 학습을 하는 사람에게 많은 도움이 될 것입니다.

이 책이 완성되는데 생각 보다 오랜 시간이 걸렸습니다. 많은 시간동안 관련분야 전문가가 심혈을 기울여 집필한 만큼 학습하는 사람들에게 의미있게 다가가는 책이기를 바랍니다. 이 책을 통해 학습하는 모든 분들에게 행복이 가득하시기를 바랍니다.

〈이춘식 정보시스템 감리사〉

국내 정보시스템 감리는 80년대 말 한국전산원(현 정보화진흥원)이 전산망 보급 확장과 이용촉진에 관한 법률에 의거하여 행정전산망 선투자 사업에 대한 사업비 정산을 위해 회계 및 기술 분야에 감리를 시행하게 되면서 시작되었습니다. 이후, 법적 제도적 발전을 통해 오늘의 정보시스템 감리사 제도로 발전하게 되었습니다.

현대 사회에서 정보시스템에 대한 비중은 날로 높아지고 있고, 정보시스템이 차지하는 중요성과 가치도 더욱 높아지고 있습니다. 정보시스템 감리사 제도가 공공 부문에만 의무화가 되어 있지만 정보시스템의 복잡성과 중요성이 인식되면서 일반 기업들도 감리의 중요성과 필요성을 점차 느끼고 있습니다. 앞으로 감리사의 역할과 비중이 더욱 높아질 것으로 예상됩니다.

정보시스템 감리사 시험은 다른 분야와 달리 폭넓은 경험과 고도의 전문 지식이 필요합니다. 감리사 시험을 준비하는 수험생 분들이 느끼는 어려운 점은 시험에 대한 정보 부족과 학습에 대한 부담입니다. 국내 IT분야의 현실을 고려할 때 매일 시간을 내어 공부하는 것이 어렵지만 어려운 현실에서도 감리사 합격을 위해 주경야독하는 분들을 위해 이 책을 집필하게 되었습니다. 많은 독자 분들이 이 책을 보고 "아하 이런 의미였네!" "이렇게 풀면 되는 구나!" 하는 느낌과 자신감을 얻고, 합격의 지름길을 빨리 찾을 수 있으면 좋겠습니다.

공부는 현재에 희망의 씨앗을 뿌리고 미래에 달성의 열매를 수확하는 것입니다. 이 책을 통해 어려운 현실에서도 현실에 안주하지 않고 보다 나은 자신의 미래를 위해 열심히 달려가는 독자 분들께 커다란 희망을 제공하고 싶습니다. 독자 분들의 인생을 바꿀 수 있는 진정한 가치 있는 책이 되길 희망 합니다.

〈양회석 정보관리 기술사〉

개인적으로 2011년 초 필자가 주변에서 가장 많이 들었던 단어는 변화(Change)와 혁신(Innovation)이었습니다. 변화가 모든 이에게 필요할까라는 근본적인 의구심이 들기도 하고, 사람을 4개의 성격유형으로 나눌 때 변화를 싫어하는 안정형으로 강력하게 분류되는 필자에게 있어 변화는 그리 친숙한 개념은 아닙니다.

그러나, 독자와 필자가 경험하고 있듯이, 직장과 사회의 변화에 대한 강력한 메시지는 피할 수 없으며, 성공이라는 목표를 달성하기 위해서 개인이 변화해야 한다는 당위성에 의문을 갖기는 현실적으로 어렵지 않을까 싶습니다.

정보시스템감리사는 수석감리원의 신분이 법적으로 보장되며, 매년 40여명의 최종 합격자만을 엄선하는 전문 자격증으로, 정보기술업계에 있는 사람이라면 한번 쯤 도전해 보고 싶은 매력적인 자격증으로, 자격 취득이 자기계발이나 직업선택에 있어 변화의 동인(Motivation)과 기반이 되기에 충분하다고 필자는 생각합니다.

이 책은 수험자들이 자격취득을 위해 필요한 지식기반(Knowledge Base)의 폭과 깊이를 충분히 제공하기 위해 전문 강사들의 수년간 강의 경험을 집대성하여 작성되었으므로, 감리사 학습에 길잡이가 될 것이라 확신합니다.

특히, 년도별 단순 문제풀이 방식이 아닌, 주제 도메인별로 출제영역을 묶어 집필함으로써 정보시스템감리사 학습영역을 가시화하고 단순화하려는 노력을 하였으며, 주제에 대한 파생 개념에 대해서도 많은 내용을 담으려 노력하였습니다.

시장에서 우월한 경쟁력으로 급격하게 시장을 독점하여 성장하는 기술을 파괴적 기술(Disruptive Technology)이라고 부른다고 합니다. 그러한 혁신을 파괴적 혁신(Disruptive Innovation)이라고도 합니다. 이 책을 통해 독자들이 정보시스템감리사 지식도메인의 급격하고도 완전한 지식베이스(Disruptive Knowledge Base)를 형성할 수 있기를 필자는 희망하고 기대합니다.

마지막으로, 책 집필 기간 동안 퇴근 후 늦게까지 작업을 해야 했던 남편을 물심양면으로 지원해주고 이해해 준 노미현씨에게 깊이 감사하며, 많은 시간 함께하지 못한 아빠를 변함없이 좋아해주는 사랑스러운 은준이, 서안이, 여진이 삼남매에게 미안하고 사랑한다는 말을 전하고 싶습니다.

〈최석원 정보시스템감리사〉

정보시스템감리사 도전은 직장생활 10년 차인 저에게 전문성과 실력을 체크하고 한 단계 도약하기 위한 시험대였습니다.

그 동안 수행한 업무 영역 외의 전자정부의 추진방향과 각종 고시/지침/가이드, 프로젝트 관리방법, 하드웨어, 네트워크 등의 시스템 구조, 보안 등의 도메인을 학습하면서 필요에 따라 그때그때 습득하였던 지식의 조각들이 서로 결합되고 융합되는 즐거움을 느낄 수 있었습니다. 또한 업무를 수행할 때에도 학습한 지식들을 응용하여 보다 체계적이고 전문적인 의견을 제시할 수 있게 되었습니다.

그 때의 저처럼 정보시스템감리사라는 객관적인 공신력 확보로 한 단계 도약하고자 하는 사람들에게 시험합격이라는 단기적인 목표달성 외에 여기저기 흩어져 있던 지식들이 맥락을 찾고 뻗어 나가는 즐거움을 느낄 수 있었으면 하여 이 책을 준비하게 되었습니다.

시험을 준비할 때에는 기출문제 분석이 가장 중요합니다. 기출문제를 분석하다 보면 출제흐름 및 IT 변화도 느낄 수 있으며, 향후에 예상되는 문제도 만날 수가 있습니다. 이 책은 기출문제를 주제별로 재구성하여 출제 경향이 어떻게 변화해왔는지 향후 어떻게 변화할 지를 직접 느낄 수 있도록 하였습니다. 또한 한 문제의 정답과 간단한 풀이로 끝나는 것이 아니라 관련된 배경지식을 설명하여 보다 발전된 형태의 문제에 대해서도 해결능력을 키울 수 있도록 하였습니다.

〈김은정 정보시스템감리사〉

KPC ITPE를 통한 종합적인 공부 제언은

감리사 기출문제풀이집을 바탕으로 기출된 감리사 문제의 자세한 풀이를 공부하고, 추가 필수 참고자료는 국내 최대 기술사,감리사 커뮤니티인, 약 1만 여개의 지식 자료를 제공하는 KPC ITPE(http://cafe.naver.com/81th) 회원가입, 참조하시면, 감리사 합격의 확실한 종지부를 조기에 찍을 수 있는 효과를 거둘 것입니다.

http://cafe.naver.com/81th

[참고] ● 감리사 기출문제 풀이집을 구매하고, KPC ITPE에 등업 신청하시면, 감리사, 기술사 자료를 포함 약 10,000개 지식 자료를 회원 등급별로 무료로 제공하고 있습니다.
 ● 감리사 기출 문제 풀이집은 저술의 출처 및 참고 문헌을 모두 명기하였으나, 광범위한 영역으로 인해 일부 출처가 불분명한 자료가 있을 수 있으며, 이로 인한 출처 표기 누락된 부분을 발견, 연락 주시면, KPC ITPE에서 정정하겠습니다.
 ● 감리사 기출문제에 대한 이러닝 서비스는 http://itpe.co.kr를 통해서 2011년 7월에 서비스 예정입니다.

감리사 기출풀이

1. 감리 및 사업관리

2. 소프트웨어 공학

3. 데이터베이스

4. 시스템 구조

5. 보안

시스템구조 도메인 학습범위

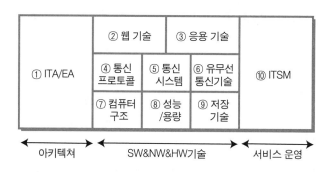

영역	분야	세부 출제 분야
C01.ITA/EA	정보기술 아키텍처	TRM, BRM, SRM, DRM, PRM
C02.웹기술	인터넷 정보처리	웹기술, 시멘틱 웹, 웹2.0, 웹서비스, Open API, J2EE/.Net, 전자상거래
C03.응용기술	소프트웨어 아키텍처	분산객체
	응용기술	XML, EAI, 개발언어, 스크립트
	경영기반기술	SCM, CRM, DW, BPM, ERP
	기타 컴퓨팅 기술	Green IT, Cloud Computing, Grid Computing
C04.통신프로토콜	네트워크	IPv6, NMS, Router 프로토콜
C05.통신시스템	통신시스템	무선통신, 유선통신, 멀티미디어통신, 이동통신, 위성통신, 광통신, 데이터통신
	네트워크 아키텍처	네트워크 이중화, L4/L7
C06.유무선 통신기술	네트워크	네트워크 이중화, 네트워크 스위치, wPAN, BcN, Wibro, HSDPA, IPTV, 홈네트워크
	유비쿼터스 기술	RFID, USN, u-City
C07.컴퓨터 구조	컴퓨터 시스템	분산시스템, 실시간 시스템, 임베디드 시스템, VLSI, 운영체제, 컴파일러
C08.성능/용량	하드웨어 아키텍처	하드웨어 이중화, 고가용성, 원격백업
	시스템 성능/용량산정	시스템 성능, 부하분산, 최적화, 용량산정
C09.저장기술	-	DAS/NAS/SAN, IP SAN
C10.ITSM	ITIL	SLA/SLM, 아웃소싱

C01. ITA/EA

시험출제 요약정리

1) Architecture

구분	내용
Business Architecture	기업의 비즈니스 비전, 목표에 부합되는 비즈니스 모델 설정하고 목표를 파악하여 IT적용 기회 도출
Data Architecture	비즈니스 부문별 업무수행에 필요한 데이터 제공, 관리방법
Application Architecture	각 비즈니스 부분에 필요한 어플리케이션을 정의
Technical Architecture	어플리케이션, 데이터가 어떠한 기준에서 어떻게 결합될지를 정보기술 관점에서 정의
Reference Model	Architecture를 위한 기업 내외부 사례, 표준 참조
Standard Profile	각 RM에 대한 Profile(지침) 제공 표준

Strategic Planning → Enterprise Engineering → Enterprise Planning → Enterprise Integration

2) Reference Model

2-1) 조직의 성과 측정을 위한 성과참조모형 (PRM: Performance Reference Model)
- 성과참조모델은 분류체계, 표준 가시경로의 상세내용을 학습해야 함
- 분류체계는 크게 정보기술 성과(인적자원, 기술, 기타자산)와 업무성과 (업무기능성과, 고객성과, 프로세스)로 구분함
- 표준가시경로에서는 정보기술 성과와 업무성과를 투자지표, 품질지표, 이용지표, 효과지표의 4가지 지표로 세부지표를 정의함

2-2) 업무아키텍처의 기준이 되는 것으로, 조직의 업무를 분류, 정의, 체계화한 업무참조모형 (BRM : Business Reference Model)

2-3) 응용서비스의 기준이 되는 것으로, 업무를 지원하는 응용 서비스를 정의한 서비스참

조모형 (SRM: Service Reference Model)

구분	내용
행정서비스	대국민서비스
	정부내 지원 서비스
	공유서비스
공통기술서비스	보안, 디지털 자산관리, 데이터관리, 시스템운영
	사용자 지원, 협업, 연계관리, 정보제공

- SRM은 서비스의 실질적인 연계·재활용을 위해 법정부적으로 만들어진 공유자원 (공유서비스, 공통컴포넌트)을 제시하고 있으며 대국민서비스와 정부내 지원서비스의 최하위분류는 공유서비스를, 공통기술서비스 최하위분류에는 공통컴포넌트를 연계하여 기존에 개발된 또는 개발 예정인 공유자원을 식별하고 연계·재활용하여 서비스의 효율적인 활용을 높이게 하였음

예) 보안 공통기술 서비스의 사용자 인증이라는 최하위 레벨의 공유자원은 실명확인, 공공기관 i-pin 실명 확인 등의 공통 컴포넌트를 사용하는 체계

2-4) 데이터아키텍처의 기준이 되는 것으로, 업무와 서비스를 지원하는 데이터를 정의한 데이터참조모형 (DRM : Data Reference Model)은 3가지 목표를 가짐

① 표준화 : 데이터 표준화를 위한 가이드 제시, 표준화된 데이터모델 제공
② 참조 : 데이터 아키텍처 구축에 필요한 표준 데이터모델 사례들의 식별 및 참조 지원
③ 재사용 : 식별 및 참조된 표준 데이터 모델 및 데이터의 재사용과 공유 촉진, 지원

- DRM은 데이터모델, 데이터분류, 데이터구조, 데이터교환, 데이터관리의 5가지 영역이 있으며 이중 데이터 구조는 재사용을 통한 메타데이터 표준화와 관련됨

2-5) 기술아키텍처의 기준이 되는 것으로, 서비스 컴포넌트 구현을 위한 기술과 표준을 정의한 기술참조모형 (TRM : Technical Reference Model)은 5가지 영역으로 구성됨.

- 서비스접근 및 전달 : 외부접근장치, 서비스 전달망, 서비스 요구사항, 서비스 전달 프로토콜
- 요소기술 : 데이터 표현, 프로그래밍, 통합패키지, 데이터 교환, 데이터관리
- 인터페이스 및 통합 : 서비스 통합, 데이터 공유, 인터페이스
- 보안 : 관리적 보안, 기술적 보안(응용시스템, 네트워크, 시스템, 데이터, 암호화, 인증 및 권한관리), 물리적보안(접근통제, 백업 및 자료보관)
- 플랫폼 및 기반구조 : 데이터베이스, 서비스 제공 서버, 소프트웨어공학, 하드웨어, 네트워크, 시스템관리, 운영체제 및 기반환경

3) 범정부 EA 산출물 메타모델

구분	업무	응용	기술기반	보안	데이터
CEO/CIO	구성도 및 정의서				
책임자	관계도 및 기술서				
설계자	설계도 및 설계서				논리데이터모델
개발자	매뉴얼, 목록				물리데이터모델

- 방향 및 지침 : 조직의 비전 및 미션, 정보기술 아키텍처 원칙, 용어표준
- 참조모델 : 업무참조모델, 서비스컴포넌트모델, 데이터참조모델, 기술참조모델/표준프로파일, 성과참조모델

4) EA 성숙도 모델

구분	1단계	2단계	3단계	4단계	5단계
수립	도입준비	기준수립	목표정립	통합관리	최적화
관리	인식	기준수립	적용/운영	확산	최적화
활용	인식	기준	적용	확산	최적화

5) EAP(Enterprise Architecture Planning)

구분	내용
1단계	Principles
2단계	Business Model → Current System & Technology
3단계	Data Architecture → Application Architecture → Technology Architecture
4단계	Sequencing & Prioritization
5단계	Migration Strategy → Implementation Plan

2005년 76번

정보기술 아키텍처(ITA : Information Technology Architecture)의 세 가지 구성요소에 포함되지 않는 것은?

① 기술 인프라(Technology infrastructure)
② 전사적 아키텍처(Enterprise architecture)
③ 기술참조모델(Technology reference model)
④ 표준프로파일(Standard profile)

● **해설 : ①번**

EA는 Business Architecture, Data Architecture, Application Architecture, Technical Architecture와 Reference Model, Standard Profile을 포함하는 개념임. 과거 ITA의 구성요소는 EA(BA+DA+AA)+RM+SP의 개념으로 정리되었으나 해당 개념으로 출제될 가능성은 낮음.

● **관련지식** ●●●

- 정보기술 아키텍처(ITA:Information Technology Architecture)
  - 공통의 모델과 표준, 지침을 활용하여, 조직의 정보기술자원(서비스, 데이터, 기술)에 대한 전체적인 뷰를 식별하고, 공통의 정보기술 자원을 식별함으로써 이를 조직 내/외부에서 공유 및 재사용하여 정보가 막힘 없고, 호환성 높은 정보시스템환경의 구축을 촉진하는 지속적으로 관리되어야 하는 설계도
  - 조직의 전략적인 목표 및 정보자원 관리 목표를 도달하기 위하여 기업의 IT와 비즈니스 관계를 총괄하여 설명하는 청사진(ex. Zachman Framework)
  - 초기 EA는 정보시스템의 상호운용성 확보를 위한 설계서 내지는 청사진이라는 개념이었으나 기업정보시스템에 활용되면서 IT Governance의 하위 구성요소로 정보시스템의 투자타당성, 투자 우선순위 결정, 투자성과 평가를 위한 Governance 도구의 의미가 있음.

엔터프라이즈 아키텍처(EA)에서 엔터프라이즈 생명주기(Enterprise Life Cycle)의 순서를 바르게 나열한 것은?

A. Strategic Planning   B. Enterprise Planning
C. Enterprise Engineering   D. Enterprise Integration

① B-C-A-D   ② A-C-B-D   ③ C-A-B-D   ④ D-A-B-C

● 해설 : ②번

- EA 생명주기 순서 중 전략계획과 전사통합은 초기단계와 종료단계로 구분할 수 있으나 전사 계획과 전사 엔지니어링은 전사 계획 후 전사 엔지니어링을 이행하는 것으로 혼동할 수 있는 문제임.
- 문제에서 말하는 전사 엔지니어링은 현행 아키텍처를 분석하여 To-Be 아키텍처를 설계하는 활동을 의미하며 To-Be 아키텍처 설계 이후 관리체계 및 이행계획을 수립하는 활동이 전사계획(Enterprise Planning)이므로 전사 엔지니어링 이후 전사 계획이 이행되는 것임.

● 관련지식 ••

• EAP (Enterprise Architecture Planning)

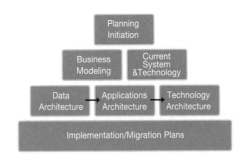

- 전사아키텍처 계획의 단계는 DAT (Data Architecture, Application Architecture, Technical Architecture) 순으로 이행됨 (EAP Wedding Cake Model)

범정부 기술참조모델(TRM)에서 정보시스템을 구성하는 네가지 영역 중 플랫폼 및 기반구조에 속하지 않는 세부항목은?

① 데이터베이스
② 네트워크
③ 시스템 관리
④ 보안

● 해설 : ④번

TRM 1.의 보안은 요소기술내에 포함이 되나 TRM 2.0의 보안은 별도 영역에 해당됨.
특히 TRM 2.0의 보안 영역과 데이터관련 요소가 어느 영역에 해당하는지 철저한 학습이 필요함.

● 관련지식 •••

• 범정부 기술 참조모델
  5대 영역에 대한 암기와 보안영역의 관리적, 물리적, 기술적인 세부 구성요소에 대한 학습이 요구됨.
  요소기술 영역의 데이터 표현, 데이터 교환, 데이터 관리와 인터페이스 및 통합영역의 데이터 공유 식별 문제가 출제 가능함

구분	내용
요소기술	– 데이터 표현, 프로그래밍, 통합패키지 – 데이터 교환, 데이터 관리
인터페이스 및 통합	– 서비스 통합 – 데이터 공유 – 인터페이스
플랫폼 및 기반구조	– 데이터베이스 – 서비스 제공 서버 – 소프트웨어 공학 – 시스템 관리 – 네트워크 – 하드웨어 – 운영체제 및 기반환경
보안	– 관리적 보안 – 기술적 보안 – 물리적 보안

[소프트웨어공학]
정보기술아키텍처(ITA)의 도입을 통해 얻을 수 있는 기대효과로 보기 어려운 것은?

① 표준기술의 도입으로 시스템 상호운용성 개선
② 정보자원의 재사용을 통한 중복개발 방지
③ 단위 업무중심의 효율적인 정보시스템 구축
④ 정보화 투자의 합리적인 우선순위를 결정하는 정보 제공

● 해설 : ③번

　기술적으로는 시스템 상호운용성이고 비즈니스적으로는 IT Paradox 극복을 위한 투자 타당성 검토, 투자의 우선순위, 투자 효과성 분석이 목적임.

● 관련지식 ∙∙∙

　　– 정보자원을 일관된 관점에서 체계적으로 관리 : 경비/인력 효율성 제고
　　– 정보화 예산 투자의 효과 측정 및 관리 : 투자효과 극대화
　　– 표준화된 정보기술 기반 제공으로 정보시스템 상호 호환성 증진 : 생산성 제고

[소프트웨어공학]
정보기술아키텍처(ITA) 참조모델 중 응용아키텍처와 직접적 관련이 있는 참조 모델은?

① BRM(Business Reference Model)
② TRM(Technical Reference Model)
③ SRM(Service Component Reference Model)
④ DRM(Data Reference Model)

● 해설 : ③번

- 응용아키텍처와 관련된 참조모델은 서비스 컴포넌트 참조모델이며 행정서비스와 공통기술
  서비스로 구성됨.
- 특히 공통기술서비스는 SRM 2.0 기반으로 학습되어야 함.

● 관련지식 ●●●

- 최근의 시험경향은 6회 32번과 같은 단순 개념보다는 세부적인 내용을 질문하고 있음
- TRM의 세부 구성요소를 식별하거나 DRM의 세부 구성요소에 대한 이해, SRM의 공통서비
  스, TRM의 표준가시경로의 지표와 표준분류체계의 IT 성과와 업무성과의 내용에 대한 학
  습 필요

[소프트웨어공학]
정보기술 투자를 분석하는 과정에서 정보기술아키텍처를 사용하여 확인해야 하는 사항으로 거리가 먼 것은?

① 공통적인 업무 기능, 프로세스 및 활동을 공유하는가?
② 정보시스템에 대한 중복 투자를 발생시키는 예산 요청은 어느 것인가?
③ 정보기술 투자의 성과 목표는 무엇인가?
④ 조직에서 내부통제가 가장 효율적으로 구축되어 있는 곳은 어디인가?

● 해설 : ④번

- 정보기술 투자 분석은 EA를 통해 수행되며 정보기술 투자성과 목표, 중복투자에 대한 타당성 평가, 공통 업무나 프로세스, 정보시스템에 대한 재사용을 위해 활용됨.
- 조직에서 내부통제가 가장 효율적으로 구축되어 있는 곳을 파악하는 것은 IT 거버넌스의 범위에는 포함될 수 있으나 EA를 통한 EA 거버넌스의 범위에는 포함되지 않음.

● 관련지식 ●●

- EA 거버넌스와 더불어 IT 거버넌스의 5대영역에 대한 학습이 필요하며 EA 성숙도의 영역 및 수준별 특징에 대해서도 학습이 필요함.

[소프트웨어공학]
정보기술아키텍처의 참조모델 중 업무참조모델(BRM)에 대한 다음의 설명 중 틀린 것은?

① 업무참조모델은 조직 구조에 기반하여 조직의 비즈니스 라인을 설명하는 모델이다.
② 업무참조모델은 비즈니스 라인과 하부 기능이 중복되지 않도록 정규화되어야 한다.
③ 업무참조모델은 공통의 비즈니스 영역을 설명함으로써 조직체 협동을 촉진시킨다.
④ 업무참조모델은 정보기술 투자 및 서비스 제공에 대한 업무간 연계 및 통합을 지원하는 기반을 제공한다.

● 해설 : ①번

- 업무참조모델은 행정서비스와 공통기술서비스로 구성되며 비즈니스 라인인 행정서비스와 하부기능인 공통기술서비스는 중복되지 않게 정규화되어야 함.
- 공통 비즈니스 영역을 도출하고 재사용하며, 정보기술 투자 및 서비스 제공에 대한 업무간 연계 및 통합을 지원하는 기반을 제공함.
- 조직구조에 기반한 것이 아닌 공통 비즈니스 기능과 공통 기술서비스 도출을 통한 재사용이 목표임.

● 관련지식 ••

- BRM의 공통기술 서비스가 BRM 1.0과 BRM 2.0의 차이와 공통기술 서비스 목록의 학습이 요구됨.

[소프트웨어공학]
다음 중 「정보시스템의 효율적 도입 및 운영 등에 관한 법률」 제6조(정보기술아키텍처의 도입
및 운영의 촉진)에 의거하여 정부에서 개발한 "범정부 데이터 참조모형(V1.0)"의 프레임워크 5
대 구성요소가 <u>아닌 것은?</u>

① 데이터 표준   ② 데이터 구조   ③ 데이터 분류   ④ 데이터 교환

● 해설 : ①번

데이터참조모델의 5대 구성요소는 데이터 모델, 데이터 분류, 데이터 구조, 데이터 교환, 데이
터 관리임.

● 관련지식 ●●

– 데이터참조모델 중 메타데이터와 관련된 데이터참조모델의 구성요소는 데이터 구조임.

[소프트웨어공학]
정보기술아키텍처의 업무참조모델(BRM : Business Reference Model)에 대한 설명 중 가장 적절한 것은?

① 특정 기관의 업무 기능을 정의한 참조모델
② 기업조직계층에 독립적으로 업무 성과를 정의한 참조모델
③ 업무수행과 목표달성을 지원하는 서비스 요소를 분류하기 위한 기능 중심의 참조모델
④ 업무와 서비스 구성요소의 전달과 교환, 구축을 지원 해주는 표준, 명세, 기술요소를 기술하기 위한 참조모델

● 해설 : ①번

- 특정기관이라 함은 행정기관으로 이해할 수 있고 행정기관의 행정서비스와 공통기술서비스가 업무참조모델의 핵심요소임.
- 업무성과를 정의한 참조모델은 PRM이고 목표달성을 지원하는 서비스 요소를 분류하기 위한 참조모델 역시 PRM의 표준분류체계를 설명하고 있고 마지막 예시는 DRM의 내용인 데이터 모델, 데이터 분류, 데이터 구조, 데이터 교환, 데이터 관리의 내용을 업무와 서비스로 바꾸어 출제된 것임.

● 관련지식 ●●●

- 행정기관의 업무기능을 공유될 수 있는 행정서비스와 공통기술서비스에 대한 분류체계와 공통기술서비스의 세부 내용에 대한 학습이 필요함.

[소프트웨어공학]
"범정부 정보기술아키텍처(ITA) 산출물 메타모델 정의서"에 있는 산출물 중 책임자 관점에 속하는 것은?

① 개념 데이터 관계도 ② 논리 데이터 모델
③ 데이터 구성도 ④ 물리 데이터 모델

● 해설 : ①번

  - 산출물 메타모델 정의서의 계층은 C-Level, 책임자, 설계자, 책임자로 구분되며 C-Level
    은 구성도 및 정의서, 책임자는 관계도 및 기술서, 설계자는 설계서/설계도 및 논리데이터모
    델, 개발자는 목록/매뉴얼 및 물리데이터모델을 의미함.

● 관련지식 ●●●

  - 계층별 산출물 목록과 함께 산출물 메타모델 정의서의 산출물 유형에 대한 정확한 학습이
    필요함.

[소프트웨어공학]
다음 설명에 해당하는 범정부 서비스참조모형 2.0(SRM 2.0)의 서비스 분야로 적합한 것은?

> 다수의 기관에서 공통으로 사용되고, 통합된 환경으로 제공관리할 수 있는 서비스 분야

① 대국민서비스
② 정부내 지원 서비스
③ 지식자산 서비스
④ 공통기술 서비스

● 해설 : ②번

　　정부내 지원서비스는 다수의 기관에서 공통으로 사용되고, 통합된 환경으로 제공 및 관리할 수 있는 서비스 분야를 의미함.

● 관련지식 ∙∙∙

• 범정부 SRM의 서비스 분야는 총 3가지로 구성됨.

구분	내용
대국민 서비스	기관고유 업무 수행과 사업실행을 지원하는 서비스분야로, 정부부처 업무 및 사업목적에 부합하고, 업무 규칙 및 절차를 포함한 서비스 분류체계임 대국민서비스는 주민생활, 환경, 국가인프라, 지식활동, 사회복지, 국민건강, 경제활동, 문화생활, 공공안전, 해외남북교류로 구성됨
정부내지원 서비스	다수의 기관에서 공통으로 사용되고, 통합된 환경으로 제공·관리할 수 있는 서비스분야임 정부내 지원서비스 분야는 여러 기관에서 공통적으로 활용 가능한 감사, 법무, 재정, 일반행정, 업무관리, 대민관계, 인적자원관리, 정보화로 구성됨
공통기술 서비스	대국민서비스와 정부내 지원서비스를 구현하는데 필요한 기술 컴포넌트로, 특정 업무에 독립적인 여러 시스템에서 공통으로 활용 할 수 있는 기술 서비스 컴포넌트의 집합임 공통기술서비스 분야의 컴포넌트가 정제되어 재사용 및 공동활용 되면 정보시스템 구축 시 기본기능에 대한 개발 및 관리 비용을 감소시키고 응용기능 간 상호운용성 확보가 가능함

C02. 웹 기술

┃ 시험출제 요약정리 ┃

1) J2SE/J2EE/J2ME

구분	내용
J2SE(Java 2 Standard Edition)	Java의 개발/실행 환경으로 Java언어를 이용하여 어플리케이션(Application), 애플릿(Applet) 그리고 컴포넌트(Component) 등을 개발하고 실행할 수 있는 환경을 제공하는 플랫폼
J2EE(Java 2 Enterprise Edition)	- C/S 환경이나 웹 환경의 서버단에서 수행되는 프로그램을 Java로 구현하고자 할 때 사용되는 자바 기술로 EJB, Servlet, JSP 3가지로 구성되며 WORA(Write Once, Run Anywhere) 이식성,JDBC, CORBA 기술, JNDI, Javamail, JMS, JAF 등으로 구성됨 - 전사적 차원(대규모의 동시 접속과 유지가 가능한 다양한 시스템의 연동 네트워크 기반 총칭)에서 필요로 하는 웹 어플리케이션 관련 기술 등으로 자바 개발을 할 수 있는 라이브러리들이 포함
J2ME(Java 2 Micro Edition)	- 컴퓨터뿐만 아니라 가전제품이나 휴대폰, PDA 등 임베디드 디바이스의 다양하고 제한된 환경에 Java를 탑재하기 위한 기술을 제공 - 휴대폰, PDA, 스마트카드, 가전제품, 셋톱박스 등의 제한된 용량의 하드웨어에 탑재되는 기술로 KVM이나 Card VM을 사용하며 일반적인 VM을 경량화하여 적용함

2) EJB (Session Bean, Entity Bean)

- 엔터프라이즈 자바빈즈(Enterprise JavaBeans : EJB)는 기업환경의 시스템을 구현하기 위한 서버측 컴포넌트 모델
- EJB는 애플리케이션의 업무 로직을 가지고 있는 서버 애플리케이션
- EJB 사양은 Java EE의 자바 API 중 하나로, 주로 웹 시스템에서 JSP는 화면 로직을 처리하고, EJB는 업무 로직을 처리하는 역할을 함
- RMI와 JNDI을 사용하여 EJB와 클라이언트가 상호작용을 지원하며 EJB가 클라이언트에게 제공하는 기능들은 RMI 리모트 인터페이스로 정의됨
- 클라이언트는 JNDI를 통해 EJB의 위치를 검색한 후, EJB 홈이라 부르는 팩토리 오브젝트와의 상호 작용을 통해 EJB 인스턴스를 얻어낸다.

구분	내용
Session bean	– 공통적으로 사용되는 비즈니스 함수들을 캡슐화할 때 사용, 가장 간단하고 일반적인 타입의 EJB – 클라이언트가 비즈니스 로직을 사용할 수 있도록 동기식 인터페이스를 제공 – 아무런 데이터를 가지지 않거나, 사용자 세션에 관련된 데이터만 가지고 일시적인 용도로 사용 – stateful session bean, stateless session bean으로 구분함 – EJB 컨테이너가 중단되는 경우에 삭제됨
Entity bean	– 비즈니스에 관련된 데이터를 표현하기 위해서 사용 – 비즈니스 오브젝트(Entity)가 동적인 데이터를 가지거나, 이와 관련된 기능을 제공 – 데이터베이스의 데이터에 대한 객체 – 많은 사용자들에 의해 공유되어서 접근되며 상대적으로 수명이 길며 지속성이 있음 – 클라이언트가 빈에 있는 데이터나 기능들을 이용할 수 있는 동기식 인터페이스를 제공
Message–driven bean	– session bean과 유사, 세션 빈을 사용하는 경우에 클라이언트는 엔터프라이즈 빈의 메소드를 호출하고, 메소드가 끝날 때까지 기다려야 하는데 비해 메시지 드리븐 빈을 사용하는 경우에는 메시지를 전송하고, 클라이언트는 즉시 다른 작업을 수행 – 비동기식 인터페이스 제공, 메시지 큐와 연동하여, 큐에 들어온 메시지들을 메시지 드리븐 빈의 인스턴스로 전송 – 클라이언트 메시지를 받음으로서 실행되며 상대적으로 수명이 짧고 상태가 없음 – EJB 컨테이너가 중단되는 경우에 삭제됨

2-1) EJB의 구성 요소

구분	내용
사용자 인터페이스	– 스텁(Stub)을 위한 것으로서, 원격지의 객체를 사용하는 사용자의 대리인
원격 인터페이스	– 사용자가 EJB 컨테이너에 메시지를 전달하여 홈 인터페이스를 통해 생성하거나 찾은 EJB의 비즈니스 메소드를 호출하는데 사용
홈 인터페이스	– 사용자가 EJB 컨테이너에 메시지를 전달하여 EJB를 생성하거나 찾거나 없애는 데 사용, 원격 EJB 컨테이너 내의 EJB의 라이프 사이클에 관련된 일을 수행하기 위한 것
배치 설명 파일(deployment descriptor file)	– EJB 컨테이너가 빈 클래스를 배치하는 과정에 필요한 정보를 XML 문서 형식으로 저장해 놓은 것 – 배치 과정에서 EJB 컨테이너에 의해 추가적으로 필요한 클래스를 생성하고 EJB 컨테이너가 제공하는 각종 서비스 적용에 필요한 정보 포함

구분	내용
기본키 클래스(primary key class)	– 엔티티 빈에서 필요하며 개별 엔티티를 구별하는 기본키를 정의
EJB 컨테이너의 가공 객체 (Artifacts)	– 개발자가 만든 코드 외에 EJB 컨테이너가 생성한 코드로부터 만들어지는 객체들
EJB Home Objects	– EJB 객체의 라이프 사이클에 관련된 역할을 담당 – 메모리 관리, 스레드 관리, 풀링과 같은 자원 관리등의 시스템 레벨 기능
원격 클라이언트	– 동일한 혹은 다른 EJB 컨테이너에서 수행되는 또다른 엔터프라이즈 빈이거나, 응용 프로그램, 서블릿, 애플릿 등의 임의의 자바 프로그램 – 원격 인터페이스와 원격 홈 인터페이스를 사용하는 경우에 클라이언트는 위치에 무관하게 존재할 수 있음 – 자바가 아닌 다른 언어로 작성된 CORBA 프로그램도 가능함 – 자바 RMI API를 이용해서 작성하게 되고, 원격 인터페이스와 홈 인터페이스에서 사용되는 매개변수와 리턴 값은 모두 RMI-IIOP의 규칙에 따라 전달됨 – EJBObject, EJBHome으로부터 상속되며 위치 독립성과 유연성을 가지고 있기 때문에 배포시에 여러 곳에 분산시킬 수 있음 – 기본적으로 RMI API를 사용하기 때문에 오버헤드가 많고, 모든 매개 변수들이 기본형이거나 직렬화가 가능해야 함
지역 클라이언트	– 동일한 JVM내에서 실행되는 클라이언트 – EJBLocalObject, EJBLocalHome으로부터 상속받음

2-2) Enterprise JavaBeans 3.0 변경 사항

구분	내용
Home 인터페이스를 사용하지 않음	더 이상 Home 인터페이스를 사용하지 않아도 됨
비즈니스 인터페이스의 출현	EJB 2.x에서 컴포넌트 인터페이스(리모트+로컬)라고 부른 것을 EJB3.0에서는 비즈니스 인터페이스라 명명
Annotation의 사용	메타 데이터로도 불리며 애플리케이션을 구현할 때 불필요한 배포 디스크립터 파일을 작성하는데 시간을 줄여주고 코드의 양을 감소(단, JAVA 1.5 이상 버전이어야 함)
제어의 역전	개발자가 제어하던 부분을 컨테이너에게 위임하여 제어의 주체를 변경
Dependency Injection을 이용한 리소스 참조	Dependency Injection이란 의존하는 정보를 주입시켜 주는 기술로 제어의 역전(IoC : Inverse of Control)을 구현하기 위해서 필요한 기술임

구분	내용
Dependency Injection을 이용한 리소스 참조	① Construction Injection : 생성자를 호출하여 자원을 설정하며 필요한 자원을 객체가 생성되는 시점에서 컨테이너가 설정함 ② Setter Injection : Setter 메서드를 호출하여 자원을 설정하며 setter 메서드를 통해서 관련 자원을 컨테이너가 설정함 Spring은 이 setter Injection을 지원함 ③ Method Injection : 메서드를 호출할 때 자원을 설정하며 Method가 생성되는 시점에서 컨테이너가 자원을 설정함

3) .Net

- 여러 언어를 컴파일을 통해 IL을 만든 후 CLR이 JIT 컴파일러를 통해 컴파일 후 실행됨
- CTS(Common Type System) : 모든 .net 언어들이 사용하는 타입체계
- CLS(Common Language Specification) : .net 언어들이 지켜야 하는 최소한의 스펙
- BCL(Base Class Library) : 여러 가지 기능을 제공하는 .Net 기본 클래스 라이브러리
- 중간언어로 인한 속도문제가 있으나 객체지향언어로 가비지 컬렉션을 제공하며 방대한 공유 라이브러리 제공
- IL 형태의 언어를 JIT가 재컴파일하여 .Net 환경의 CLR을 실행시킴

3-1) IL(Intermediate Language) : 기계어로 변환하기 위한 중간단계 언어
- 자바와는 다르게 언어적 독립성도 가지고 있음
- .Net 프로그램은 IL로만 컴파일되고 실행 직전에 플랫폼별 JIT 컴파일러에 의해 기계어코드로 변환
- IL로 컴파일된 코드를 관리코드(Managed Code)라고 하며, .Net 프레임워크에서 코드의 안전성을 보장하고 가비지 컬렉션을 자동으로 수행
- MSIL, CIL 이라고도 하며 자바의 바이트코드와 비슷한 플랫폼 독립적 코드

3-2) CLR(Common Language Runtime) : .Net 실행엔진
- .Net에서 프로그램을 로딩하고 동적 컴파일하여 실행해주며 메모리 관리까지 해주는 가상의 운영시스템이며 .Net 프레임워크의 핵심요소로 .Net 프레임워크 내에 CLR이 포함되어 있음
- 프로그램 로딩, CLR 내의 JIT에 의해 동적컴파일, 동적으로 컴파일된 코드는 동적으로 적재되어 실행, CLR은 내부의 메모리 관리를 자동으로 하며 Garbage Collector를 운영

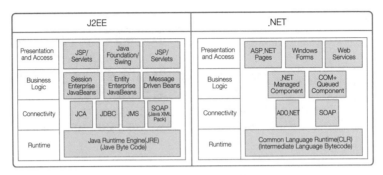

[JiEE와 .Net 구조 비교]

4) 웹서비스 (Web Service)

4-1) SOA (Service Oriented Architecture)
- SOA는 소프트웨어를 공유와 재사용이 가능한 '서비스' (혹은 분할된 애플리케이션 조각) 단위로 개발하는 것으로, 기술 중심의 솔루션보다는 비즈니스 프로세스에 중심을 둔 새로운 소프트웨어 설계방식
- 웹서비스는 XML 기반으로 WSDL(Web Services Description Language), SOAP(Simple Object Access Protocol), UDDI(Universal Description, Discovery, and Integration) 등의 표준 프로토콜에 의해 데이터 교환을 가능하게 해주는 웹상의 SOA의 구현 아키텍처임

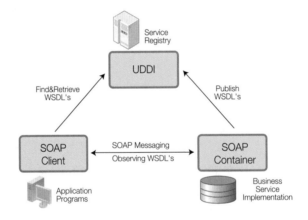

4-2) UDDI(Universal Description, Discovery and Integration)
- 웹 서비스 관련 정보의 공개와 탐색을 위한 표준이며 서비스 제공자는 UDDI라는 서비스 소비자에게 이미 알려진 온라인 저장소에 그들이 제공하는 서비스 목록들을 저장하게 되고, 서비스 소비자들은 그 저장소에 접근함으로써 원하는 서비스들의 목록을 찾을 수 있게 됨

4-3) UDDI 의 논리적 구조

구분	내용
화이트 페이지(White Pages)	– 비즈니스 정보와 연락처 정보 저장 – 흰색 페이지는 비지니스의 기본 정보들 : 이름, 수행하고 있는 비지니스 설명, 연락처
옐로 페이지(Yellow Pages)	– 비즈니스가 제공하는 서비스에 관한 정보 저장 – 옐로 페이지 정보는 기능을 확장하여 다양한 분류 시스템을 사용하여 분류화를 지원함으로서 레지스트리 내에서 비지니스 또는 서비스를 찾음. 그와 같은 분류화는 비지니스와 서비스와 연결되어있을 뿐만 아니라 tModels와도 연관되어 있음.
그린 페이지(Green Pages)	– 서비스에 대한 모든 기술적 정보 저장 – 녹색 페이지는 서비스와 관련된 바인딩 정보이고 그러한 서비스들이 구현 기술 스팩에 대한 레퍼런스를 제공하고 다양한 파일과 URL 기반의 발견 매커니즘에 대한 포인터도 제공함.

4-4) UDDI 의 데이터 구조

구분	내용
BusinessEntity	서비스를 제공하는 비즈니스 개체
BusinessService	BusinessEntity를 서비스로 지정
tModel	서비스가 순응해야 하는 기술모델로 모든 레지스트리 엔트리에 대해 계층적 구조 생성
Binding Template	서비스 요청자가 서비스로 연결되는 방법 설명

4-5) SOAP (Simple Object Access Protocol)

- 일반적으로 알려진 HTTP, HTTPS, SMTP등을 사용하여 XML기반의 메시지를 컴퓨터 네트워크 상에서 교환하는 형태의 프로토콜
- SOAP는 기본적으로 RPC Call을 위한 XML 마샬링 메커니즘이며 SOAP는 TCP/IP 소켓이나 JMS 메시지를 통해 RPC call로 인코드 되어 사용할 수도 있음.

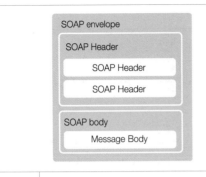	SOAP envelope = Header + Body SOAP Header: 메타 정보 제공 (라우팅, 인증, 트랜잭션 정보 포함) SOAP Body: 처리되어야 할 정보를 포함
장점	SOAP를 사용한 HTTP는 기존 원격 기술들에 비해서 프록시와 방화벽에 구애받지 않고 쉽게 통신 가능하며 SOAP는 융통성있게 각각 다른 트랜스포트 프로토콜들의 사용을 허용 트랜스 포트 프로토콜로 HTTP를 사용하지만, 다른 프로토콜 역시 사용가능 하며 플랫폼 및 프로그래밍 언어에 독립적임
단점	XML 포맷은 태그 형태로 보내기 때문에 CORBA같은 미들웨어 기술과 비교해서 상대적으로 느리며 성능을 향상시키기 위해서 바이너리 객체를 포함시킨 특별한 경우의 XML로 메시지 전송 최적화 메커니즘(Message Transmission Optimization Mechanism; MTOM)이나 VTD-XML 처리 모델 활용

4-6) WSDL(Web Services Description Language)

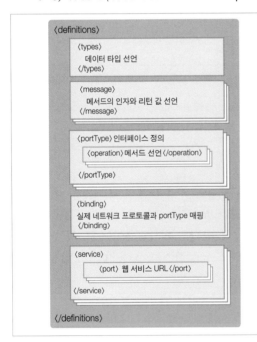	웹 서비스 기술언어 또는 기술된 정의 파일의 총칭으로 XML로 기술되고, 웹 서비스의 구체적 내용이 기술되어 있어 서비스 제공 장소, 서비스 메시지 포맷, 프로토콜 등이 포함됨. WSDL은 웹서비스를 이용하는데 필요한 정보를 기술하기 위한 XML 기반의 마크업 언어로 서비스 제공자는 웹 서비스의 이용 방법이 기술된 WSDL 문서를 작성해야 하고, 서비스 이용자는 WSDL 문서로부터 웹 서비스의 이용 방법에 대한 정보를 얻을 수 있음.

5) Social Web

5-1) 웹의 발전단계

구분	내용
1세대 웹	웹의 등장과 함께 HTML로 작성된 웹 페이지를 통한 정보공유가 활성화된 시기였으며 웹마스터에 대한 의존성이 컸으며 변화가 적은 정적인 구조
2세대 웹	멀티미디어 요소들이 결합되어 웹 페이지의 정보가 다양한 형태로 표현되었으며 데이터베이스에 저장된 데이터를 가공, 동적인 콘텐츠 구성이 가능
3세대 웹	의미 기반의 정보검색과 에이전트에 의한 자동화된 웹 서비스가 가능한 지능형 웹으로 진화

5-2) 웹1.0과 웹 2.0의 특징 비교

비교	웹 2.0	웹 1.0
운영방식	분산지향	중앙집중 지향
정보분류	태깅, 폭소노미	카테고리, 택사노미
검색기술	집단지성 기반 검색랭킹	키워드 기반, 디렉토리 기반
기술특징	동적, 비동기방식, 오픈소스	정적, 동기방식, 기술종속
주요기술	XML, Ajax, RSS/ATOM, Open API, Mash-up	HTML, ActiveX

5-3) 웹 2.0 특징

① 플랫폼으로서의 웹(The Web as Platform)
  - 웹은 OS화되어 직접 서비스하지 않고 플랫폼으로서 웹 어플리케이션을 지원
  - 웹 기반에서 Blog, RSS와 같은 개인화 서비스 제공
② 집단 지성의 결집(Harnessing Collective Intelligence)
  - 모든 웹 사용자의 집단 행동의 결과로 웹 연결은 유기적으로 성장
  - 사용자들이 개별적으로 가지고 있는 사진, 북마크, 지식 등의 콘텐츠들을 공유할 수 있는 공간 형성 및 서비스 제공
  - 유저의 공헌이 가져오는 네트워크 효과는 웹 2.0 시대 핵심
③ 데이터가 차세대의 「인텔 인사이드」(Data is the Next Intel Inside)
  - 데이터베이스 관리는 웹 2.0 시대의 핵심 경쟁력, 차별화되고 활용성 높은 데이터의 확보로 시장의 우위 획득
④ 소프트웨어 발표 주기의 종말(End of the Software Release Cycle)
  - 인터넷 시대 소프트웨어의 특징은 제품이 아니라 서비스

- 신속한 수정을 위해 스크립트 언어들이 중요한 역할을 수행
- 사용자들을 공동의 개발자로 취급, 실시간적인 업데이트 실시

⑤ 가벼운 프로그래밍 모델(Lightweight Programming Models)
- REST 형태의 웹서비스를 사용하거나 Ajax를 이용한 단순한 인터페이스 채용 등 배포를 생각한 가볍고 개조/재조합 가능한 프로그래밍 모델 설계

⑥ 단일 디바이스를 넘는 소프트웨어(Software Above the Level of a Single Device)
- 웹 환경만 제공이 된다면 PC, TV, 개인용단말기 등 여러 디바이스에서 사용이 가능한 소프트웨어 제공

⑦ 풍부한 유저 경험(기능) 제공(Rich User Experiences)
- 웹 환경에서 사용자의 욕구를 만족시키는 다양한 서비스 제공

5-4) RSS(Really Simple Syndication)/ATOM : Lightweight Syndication
- RSS는 뉴스나 블로그 사이트에서 주로 사용하는 콘텐츠 표현 방식임. 웹 사이트 관리자는 RSS 형식으로 웹 사이트 내용을 보여 주며 이 정보를 받는 사람은 다른 형식으로 이용할 수 있음
- RSS가 등장하기 전에는 원하는 정보를 얻기 위해 해당 사이트를 직접 방문하여야 했으나, RSS 관련 프로그램(혹은 서비스)을 이용하여 자동 수집이 가능해졌기 때문에 사용자는 각각의 사이트 방문 없이 최신 정보들만 골라 한 자리에서 볼 수 있음

5-5) REST(Representational State Transfer)
- HTTP의 주요 저자인 Roy Fielding의 2000년 논문에 의해 소개된 네트워크 아키텍처 구조

구분	내용
Statelessness	- 모든 HTTP 요청이 완전히 독립적으로 발생 - Statelessness 상황에서 검색의 경우 다음 페이지를 검색하기 위해서는 앞의 요청에 의존하지 않고 독립적으로 완전한 URI를 통해 요청이 이루어져야 함 - 모든 요청은 다른 것과 연결되지 않으며 어디에서든지 또는 어느 순서로든 이루어질 수 있으며 서버는 클라이언트 time out에 대해 신경쓸 필요도 없고 클라이언트는 매 요청마다 필요한 모든 정보를 주게 됨 - 반면 상태가 유지되는(Stateful) 상황에서는 반드시 정해진 순서에 따라 상태가 진행되어야 하며 HTTP 프로토콜은 보다 복잡해짐 - Statelessness는 load-balance가 가능한 분산 서버 환경을 쉽게 제공

5-6) OpenAPI & Mashup

구분	내용
Open API	- 자사의 API를 외부에 공개한 것으로 일반적으로 웹 서비스(Web Services)형태로 공개한 것을 말함 - 위키피디어에서는 API를 "응용 프로그램에서 사용할 수 있도록 운영 체제나 프로그래밍 언어가 제공하는 기능을 제어할 수 있도록 만든 인터페이스"로 정의 - 원래는 운영체제나 언어가 제공하는 기능을 제어할 수 있는 인터페이스였으나 이를 웹 서비스에서는 특정 서비스를 이용할 수 있는 인터페이스를 API라 지칭. 또한 이것을 외부에서 사용할 수 있도록 공개한 것이 오픈 API임
Mashup	- 인터넷 상에서 제공되고 있는 다양한 서로 다른 서비스와 기능을 합쳐서 새로운 서비스 또는 응용으로 만들어 내는 것 - 서로 다른 오픈 API를 이용해 시너지를 낼 수 있는 새로운 서비스를 만드는 행위 - 기존 인터넷 서비스의 개방 소스를 조합해 새 서비스를 만드는 기법으로 개방과 공유를 전제로 하는 웹 2.0의 핵심기술 　예)　구글지도+부동산정보 = http://www.housingmaps.com 　　　구글지도+토론토교통정보 = http://toronto.ibegin.com/traffic/ 　　　구글지도+술집정보 = http://www.beerhunter.ca/

5-7) SaaS

구분	내용
SaaS의 주요 특징	- SaaS(Software as a Service)는 기존의 ASP를 확장한 개념으로 차세대 ASP임 - SaaS는 불특정 다수를 대상으로 전산서비스의 제공에 중점을 두어 확장성과 고객요구사항 커스터마이즈에 중점을 둠 - 네트워크 기반으로 접근하고 관리하는 상업적으로 사용 가능한 소프트웨어 - 각 고객 사이트가 아닌 중앙의 위치에서 활동을 관리. 고객이 웹을 통해 어플리케이션에 접근하도록 함 - 어플리케이션 전달은 일반적으로 일대일 모델보다는 일대다 모델 (single instance, multi-tenant 아키텍처)에 가까우며, 여기에는 아키텍처, 가격, 파트너링, 관리 특성이 포함 - 중앙화된 기능 업데이트로 패치와 업그레이드 다운로드 필요를 없앰.
서비스 형태	① 넷 네이티브 : 전용 응용 프로그램을 활용한 직접 개발. 네트워크를 통해 다중사용자에게 서비스. ASP의 사업형태. ② 웹 네이티브 : 순수 웹 기반의 응용 프로그램을 개발. 웹 서비스 또는 웹 어플리케이션 형태로 제공. ③ 주문형 소프트웨어 : 상업용 소프트웨어의 인터넷을 통한 서비스.

5-8) Social Network Service

구분	내용
SNS의 개념	SNS(Social Network Service)란, 사회적 관계 개념을 인터넷 공간으로 가져온 것으로 사람과 사람간, 콘텐츠와 콘텐츠간의 관계 맺기를 통해 네트워크(커뮤니케이션을 통해) 형성을 지원하는 서비스
구성요소	① Identity - 자기 자신의 Identity를 형상화할 수 있어야 함 (a way of uniquely identifying people in the system) ② Presence - 자신이 누구인지(내 상태와 현황) 알릴 수 있는 방법이 있어야 함 (a way of knowing who is online, available or otherwise nearby-Twitter, LBS) ③ Relationships - 둘 이상의 관계와 친밀도가 형성 될 수 있어야 함 (a way of describing how two users in the system are related) ④ Conversations - 다른 사람들과 커뮤니케이션을 할 수 있어야 함 (a way of talking to other people through the system) ⑤ Groups - 공통 관심사를 가진 사람들이 모일 수 있는 장이 마련되어야 함 (a way of forming communities of interest) ⑥ Reputation - Identity 의 평가 가치(Self Branding 등)를 제공하여야 함 (a way of knowing the status of other people in the system) ⑦ Sharing - 콘텐츠와 정보를 공유하는 채널이 제공하여야 함 (a way of sharing things that are meaningful to participants)

6) 시멘틱 웹

6-1) RDF/RDFS

- 상이한 메타데이터 도메인 간의 의미적 매핑(mapping)에 사용자 그룹 사이의 합의가 전제된 XML 스키마 만으로는 메타데이터 요소들의 의미와 타 요소들과의 관계를 기계가독형으로 표현하는 작업은 불가능하며, RDF(Resource Description Framework)는 이러한 한계를 극복하기 위해 W3C의 주도로 제정된 웹자원 기술의 일반언어로서 의미의 손상 없이 응용프로그램 간의 정보가 교환되도록 해당 정보를 호환성 있게 표현하는 프래임워크를 제시하며 메타데이터를 인코딩(encoding), 교환, 재사용할 수 있는 기반을 제공

구분	내용
RDF (Resource Description Framework)	- 자원의 정보를 표현하기 위한 XML 규격으로 상이한 메타데이터간의 어의, 구문 및 구조에 대한 공통적인 규칙을 지원하는 기법을 통해 웹상에 존재하는 기계 해독형(machine-understandable)정보를 교환하기 위하여 월드 와이드 웹 컨소시엄에서 제안한 것으로, 메타데이터간의 효율적인 교환 및 상호호환을 목적 - 명확하고 구조화된 의미표현을 제공해 주는 공통의 기술언어로 XML(eXtensible Markup Language)을 사용 - RDF 데이터 모형은 정보 자원(Resource), 속성 유형 (Property Type), 속성값(Value)으로 구성

구분	내용
RDF Schema	− 특정 메타데이터에서 정의하고 있는 어휘들을 선언하기 위해서 사용 − 어휘란 속성집합으로 자원을 기술하기 위해 각 메타데이터 형식들에서 정의하고 있는 메타데이터 요소집합 − RDF스키마 유형으로는 property, propertyType, instanceOf, subclassof, allowedPropertyType, Range 가 있음

RDF 속성은 자원들간의 관계를 표현하며 다음 세개의 오브젝트 유형으로 구성됨.

− 자원(Resource)

RDF 표현(expression)이 기술하고 있는 모든 것을 자원이라고 하며 자원은 웹 페이지 전체 또는 일부가 될 수 있고 웹을 통해서 직접 접근할 수 없는 오브젝트가 될 수도 있음.

즉, URI가 있는 어떠한 것도 자원이 될 수 있음.

− 속성(Properties)

속성이란 자원을 기술할 때 사용되는 특정한 측면, 특징, 관계를 의미하며 각각의 속성은 특정한 의미를 가지고 있고 허용된 값이나 기술할 수 있는 자원의 유형, 다른 속성들과의 관계를 정의함.

− 진술문(Statements)

특정 자원에 대한 속성명과 속성값으로 구성된 해당자원을 RDF 진술문이라고 하며 진술문의 3요소를 각각 주어(subject), 서술어(predicate), 목적어(object) 라고 함.

6-2) XML Schema

− XML 스키마는 DTD와 달리 XML 문법에 의거하여 작성되며 XML 네임스페이스와 결합하여 사용함.

비교항목	DTD	XML 스키마
문법	SGML, EBNF 문법 준수	XML 문법 준수
네임스페이스 지원	지원하지 않음	지원함
지원 데이터 형식	단순한 텍스트 데이터 형식지원	다양한 빌트인(Built-in) 데이터 형식과 사용자 지정 데이터 형식을 지원
반복 연산자 지원	0회, 1회, n회 반복 지원	최소 반복 횟수와 최대 반복 횟수를 다양하게 지정 가능
표준화 단계	W3C 표준(1999년)	W3C표준(2001년)

6-3) OWL

− triple(주어-술어-목적어) 개념 및 모든 자원과 속성을 대상으로 한 URI 부과 기

능으로 자원의 속성 및 자원들 간의 관계 기술에 적합한 RDF 는 속성(properties)과 클래스(classes)의 명확한 정의, 클래스와 클래스간의 관계, 속성과 속성 간의 관계를 규정하는 방법은 제공하지 않음

- RDF 스키마는 메타데이터의 속성에 관한 정의, 속성의 적용 도메인과 속성 값에 대한 제어방법 및 클래스간의 관계 등을 사람이 이해하고 기계가 처리할만한 형태로 표현하는 기능을 지원함

- 동의요소, 역관계, union, intersection 등의 주요 관계를 지원하지 못하는 RDF와 RDF 스키마의 모델링 요소를 확장, 강화할 필요가 있었고 DAML+OIL이 개발되었고 class와 property의 개념 및 그들사이의 관계가 보다 명료하게 정의되도록 정리한 온톨로지 언어가 OWL임

- 시멘틱 기능이 없는 일반 웹 에이전트(agents)에게는 "결혼기념일 식사코스로 적합한 메뉴의 리스트를 제공하고 각 메뉴에 어울리는 와인을 추천하되, Black Tower는 제외시키라." 는 사실상 평이할 수도 있는 질의가 불가능함

- 클래스(classes)와 속성(prosperities) 및 이에 적용할 수 있는 제약사항 (constraints)들의 집합인 OWL 온톨로지는 다음과 같은 요소들을 포함하고 있음
  • 클래스 간의 텍사노미 관계
  • 데이터의 속성, 즉 클래스의 요소인 속성값에 관한 기술
  • 객체의 속성, 즉 클래스 요소간의 관계기술
  • 클래스들의 인스턴스, 속성들의 인스턴스

구분	내용
OWL Full	매우 높은 수준의 이상적 표현 그러나 적용은 어려움 All syntactic freedom of RDF owl:cardinality, use a class as a member of another class,metaclasses. 사용이 가능함
OWL DL	DL (Description Logic) 기반 언어 owl:cardinality, use a class as a member of another class,metaclasses. 사용은 불가능함
OWL Lite	owl:minCardinality, owl:maxCardinality는 사용이 불가능하며 owl:cardinality 은 0과 1만 사용 가능 Cannot use owl:hasValue. Cannot use owl:disjointWith. Cannot use owl:oneOf. Cannot use owl:complementOf. Cannot use owl:unionOf.

6-4) 추론 박스

구분	내용
TBox	TBox 는 개념과의 관계를 기술 All Women are Persons : Woman ⊆ Person
ABox	ABox는 실제세계의 상태를 기술 Mary is a Woman : Woman(Mary)
RBox	RBox는 룰과의 관계를 기술 If someone has a daughter, then he has a child : hasDaughter ⊆ hasChild

6-5) 시맨틱 웹과 현재 웹의 차이

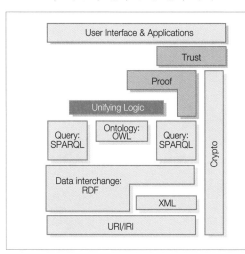

시맨틱 웹은 다국어 문자 처리를 위하여 유니코드(unicode)를 기반으로 하며 주소 체계의 일종인 URI(Uniform Resource Identifier)를 사용하여 메타데이터로 기술될 정보 자원들을 정의하고 식별

메타데이터들은 XML(eXtensible Markup Language) 구문에 기반한 RDF(Resource Description Framework) 트리플(triple) 형식으로 표현되며, RDFS(RDF Schema)와 온톨로지(ontology)는 RDF 트리플 생성 시에 필요한 클래스(class)와 속성(property)을 정의하고 계층 관계를 설정

proof와 trust 그리고 오른편의 digital signature는 시맨틱 웹의 보안과 정보의 신뢰성 보장을 위하여 도입

항 목	현재 웹 시스템	온톨로지 기반 시스템
Data Modeling	ER Model	Ontological Model
Schema territory	Syntax	Semantics
Data Structure	Table	Graph
Data Element	Tuple	Triple
Storing, Managing	DBMS	KB (Triple Store)
Query Language	SQL	SparQL (F-Logic)
Processing (Programming)	Procedure (Java, C++···)	Declarative (Logic Programming)
Reasoning	–	T-Box, A-Box, Rule
Service Area	Information	Knowledge

6-6) SPARQL

- SQL과 비슷하게 RDF에 대한 질의 언어를 규격화 한 명세
- 기본적으로 RDF에서 검색 결과로 보고자 하는 부분에 대해서 SELECT 절에 명세를 하고, FROM 절에는 대상 RDF를 열거하며, WHERE 절에는 조건에 해당하는 부분이 기술됨.

```
SELECT DISTINCT ?name ?home ?orgRole ?orgName ?orgHome
FROM <http://www.w3.org/People/Ivan/>
FROM <http://www.w3.org/Member/Mail/>
WHERE {
?foafPerson foaf:mbox ?mail;
foaf:homepage ?home.
}
```

기출문제 풀이

2004년 84번

XML 관련 표준에 대한 설명이 <u>틀린</u> 것은?

① DOM : XML 문서 처리를 위한 프로그램 인터페이스 표준
② XPointer : 다른 문서 내에 존재하는 요소를 참조하기 위한 표준
③ XLink : XML 문서 내의 특정 위치를 식별할 수 있도록 표현하는 표준
④ XQL : XML 문서 내에 있는 데이터 필드 및 텍스트들의 위치를 찾아내기 위한 언어

● 해설 : ③번

　　XLink : 여러 개 리소스에 링크, 다양한 방향 가능하며 하나의 링크로 표현 가능, 별도의 XMI 파일에 저장 가능

● 관련지식 ●●

• XLINK의 기본기능
　– 지역자원에서 원격자원으로 가능 링크를 지원하며 사용자에 의해 선택되거나 활성화됨.
　– 원격자원은 URL로 지정됨.

항 목	HTML LINK	XLINK
방향성	단방향	단방향과 양방향 링크 모두 가능
위치 지정 링크	단락 구분의 문서 세부 위치 지정	문자 단위의 세밀한 문서 위치 지정
링크 문서화	링크정보만 별도로 저장관리 불가능	링크정보만 별도 문서로 관리 가능
링크 의미 부여	링크 의미 부여 불가능	링크에 의미부여 가능

웹상에서 분산된 객체들을 액세스하고 실행할 수 있는 SOAP(Simple Object Access Protocol) 에 대한설명 중 틀린 것은?

① XML로 결과를 전달한다.
② 플랫폼, 벤더, 언어에 독립적이다.
③ 방화벽이 존재하는 경우에도 활용이 가능하다.
④ IIOP(Internet Inter-ORB Protocol)를 기반으로 동작한다.

● 해설 : ④번

IIOP기반으로 동작하는 것은 CORBA임.

● 관련지식 •••••••••••••••••••••••••••••

• SOAP(Simple Object Access Protocol) : 분산 환경에서의 정보교환에 사용되는 경량 (Lightweight)분산 컴퓨팅 프로토콜

장점	단점
프록시와 방화벽에 구애받지 않음 HTTP + 다른 프로토콜 사용 가능 플랫폼 독립적 프로그래밍 언어에 독립적 간단하고 확장가능	CORBA와 비교해 상대적으로 느림

• SOAP의 메시지 구조

```
〈?xml version="1.0"?〉
〈soap:Envelope          //메시지의 시작과 끝을 정의
xmlns:soap="http://www.w3.org/2001/12/soap-envelope"
soap:encodingStyle="http://www.w3.org/2001/12/soap-encoding"〉
〈soap:Header〉    //메시지의 모든 조건적 속성들을 포함함
  ...
〈/soap:Header〉
〈soap:Body〉     //전송될 메시지를 포함한 모든 XML 데이터를 포함함
  ...
  〈soap:Fault〉
   ...
  〈/soap:Fault〉
〈/soap:Body〉
〈/soap:Envelope〉
```

자바 기술에 대한 설명 중 <u>틀린</u> 것은?

① JSP는 동적으로 웹페이지를 생성하기 위한 자바 기반의 서버측 기술이다.
② 애플릿(Applet)은 서버로부터 다운로드되어 클라이언트에서 실행되며, 클라이언트의 파일에 접근하는데 제약이 따른다.
③ JSP 컨테이너는 JSP 파일을 서블릿 클래스(Servlet Class)로 변환해 주고   클라이언트의 요청에 따라 적절한 연산과 응답을 해준다.
④ EJB는 소비자 전자제품과 임베디드 장치를 목표로 한 자바2 플랫폼이다.

● 해설 : ④번

임베디드 장치를 목표로한 자바2 플랫폼은 J2ME임.

● 관련지식 ●●●

   − 제한된 자원을 가진 휴대전화, PDA, 세트톱박스 등에서 Java 프로그래밍 언어를 지원하기 위해 만들어진 플랫폼 중 하나이며 MIDP(Mobile Information Device Profile)라는 휴대기기용 플랫폼과 세트톱 박스등의 소비자용 제품을 위한 Personal Profile이라는 플랫폼이 일반적으로 널리 사용됨.
   − Java ME 장치들은 특정 프로파일(profile)을 구현하며 현재는 CLDC(Connected Limited Device Configuration)와 CDC(Connected Device Configuration)의 두 개의 Configuration이 존재함.
   − CLDC(Connected Limited Device Configuration)는 자바 가상 머신을 구동하는 데 필요한 최소한의 자바 클래스 라이브러리로 구성됨.

구분	내용
J2SE (Java 2 Standard Edition)	일반적인 PC에서 구현되는 전반적 Application 개발을 위한 Platform
J2ME (Java 2 Micro Edition)	모바일 기기, Embedded System의 Application개발용 자바 Edition 가전제품이나 임베디드 장치를 타겟으로 설계된 자바2 플랫폼
J2EE (Java 2 Enterprise Edition)	Enterprise환경 구성을 위한 분산 응용 프로그래밍 환경하에서 개발하는 서버 Side 자바기술 플랫폼으로 대단위 기업환경의 웹시스템 구현시 주로 사용

웹 기반 기술인 DOM(Document Object Model)에 대한 설명 중 <u>가장 거리가 먼 것은?</u>

① 문서의 구조, 스타일 ,이벤트 등에 대한 접근을 제공하기 위한 응용프로그램 인터페이스 이다.
② 특정 프로그램 언어에 종속되지 않는다.
③ 인터넷상의 자원을 찾는 방식에 활용된다.
④ HTML과 XML을 다루는 타 소프트웨어에 대한 인터페이스를 제공한다.

● 해설 : ③번

    DOM은 자원을 찾는 방식이 아닌 XML 문서에 대한 표현 구조임.

● 관련지식 •••

• DOM(Document Object Model)
  – XML문서를 root에서 트리구조로 파싱하여 XML문서 Contents와 구조 전체를 메모리에 올려 놓고 해석하는 XML 표현 구조
  – 특정 웹브라우즈나 프로그래밍 언어, 플랫폼에 의존하지 않고 HTML과 XML을 처리할 수 있게 만든 표준 API

구분	DOM	SAX(Simple API for XML)
접근 방법	트리구조	Event Driven 구조
장점	문서 구조에 대한 풍부한 표현력 XML문서의 생성, 편집이 가능함	XML문서의 크기에 관계없이 파싱이 가능 자신만의 데이터 구조 생성이 가능 XML문서의 일부분만 처리해도 될 때 장점 단순하고 속도가 빠름
단점	메모리 요구량이 많음 처리 속도가 늦음	문서의 구조에 대한 정보 파악이 불리함 문서 생성, 편집이 불가능
적용분야	구조적 접근이 필요한 경우 특정 부분으로 이동할 경우 문서 정보를 쉽게 파악하고자 할 때 사용	문서 일부분만 읽는 경우 유효성처리, 데이터 변형 동일 오류 처리 엘리먼트를 일부 추출하는 경우

웹 서비스 제공자가 해당 웹 서비스의 정보를 등록하고, 사용자는 원하는 웹 서비스를 검색하여 정보를 얻는 웹 서비스 레지스트리에 관한 표준은 무엇인가?

① SOAP(Simple Object Access Protocol)
② UDDI(Universal Description, Discovery, and Integration)
③ WSDL(Web Services Description Language)
④ XML(eXtensible Markup Language)

● 해설 : ②번

● 관련지식 ●●●

• UDDI(Universal Description, Discovery, and Integration)
  – Web Service제공자는 Web Service를 등록 및 공개하고 사용자는 이를 검색하여 원하는 정보를 찾아 이용할 수 있는 서비스 저장소(Registry)
  – Web Service에 대한 디렉토리 서비스를 지원하기 위해 개발된 표준으로, Web Service를 등록하고 검색하기 위한 매커니즘을 제공함.

구분	내용	예
Public UDDI	누구든지 웹 서비스를 공표할 수 있는 UDDI 서비스에 대한 신뢰성 보장이 어려움	IBM, Microsoft, SAP, NTT Com 등에서 제공하는 UBR
Semi-private UDDI	Public UDDI와 Private UDDI의 성격이 절충된 UDDI로서, 여러 가지 형태로 운영될 수 있음	기업 포탈 형태, 특정 산업의 마켓 플레이스 등
Private UDDI	한정된 구성원 내에서 사용하는 UDDI 서비스의 종류나 품질에 대한 보증이 용이	기업내부 사용, EAI, 포탈, 마켓 플레이스 UDDI 등

웹 2.0 등과 관련하여 대화식 웹 어플리케이션의 제작을 위해 다양한 기술 조합을 이용하는 웹 개발 기술인 Ajax(Asynchronous JavaScript and XML)에 대한 설명으로 가장 거리가 먼 것은?

① 데이터 표현 정보를 위해 HTML과 CSS를 사용한다.
② 동적인 화면 출력 및 표시 정보와의 상호작용을 위해 DOM, JavaScript를 사용한다.
③ 웹 서버와 비동기적으로 데이터를 교환하고 조작하기 위해 XML을 사용 한다.
④ 빠른 속도와 강력한 기능을 제공하지만, 클라이언트에 자바가상머신을 설치해야 하는 문제가 있다.

● 해설 : ④번

　　Ajax는 자바가상머신을 이용하지 않고 웹브라우저내의 Javascript를 이용함.

● 관련지식 ••

- Ajax(Asynchronous JavaScript and XML)
  - 대화식 웹 어플리케이션의 제작을 위한 웹 개발을 위한 기술
  - Interactive한 브라우저 기반의 Application작성 기법으로 브라우저 안에 Application을 담아 별도 S/W 없이 Application 이용

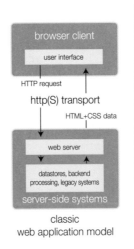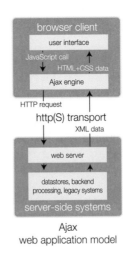

[Ajax web application model]

다음은 RDF(Resource Description Framework)에 대하여 설명하고 있다. 틀린 것은?

① 특정자원에 대한 메타데이터를 기술하고 교환하기 위한 XML기반 프레임웍으로 W3C에서 제안한 표준이다.
② RDF는 메타데이터를 위한 표준으로서 웹 자원(사이트 혹은 페이지)을 기술하는데 사용된다.
③ RDF스펙은 모델(Model), 구문(Syntax), 스키마(Schema)로 나뉘어 진다.
④ 객체(Object)-속성(Attribute)-값(Value)의 구조로 속성중심이 아닌 객체중심의 구조를 가진다.

● 해설 : ④번

Resource-Property-Statements 구조로 속성중심의 구조임.

● 관련지식 ••

• RDF(Resource Description Framework)
Meta 데이터의 기술과 교환을 위한 프레임워크(W3C에서 개발)

예) 홍길동은 책1의 저자(생성자)이다.

• RDF Schema와 XML Schema의 비교

구분	RDF Schema	XML Schema
구조기술	문서의 구조에 대한 의미 서술	XML 문서의 구조 기술
모델	속성 중심 구조	Tree 지향 모델
	객체 사이의 관계를 정의하는 모델	문서의 구조를 정의하는 모델
해석	의미 해석	문법 해석

다음 닷넷(.NET)과 J2EE(Java2 Enterprise Edition)를 비교한 설명 중 틀린 것은?

① 닷넷은 인터프리터로 CLR을 사용하며, J2EE는 JRE를 사용한다.
② 닷넷은 다양한 운영환경을 지원하며, J2EE는 다양한 언어를 지원한다.
③ 닷넷은 분산프로토콜로 SOAP을 사용하며, J2EE는 RMI를 사용한다.
④ 닷넷은 동적페이지를 위해 ASP를 사용하며, J2EE는 JSP를 사용한다.

● 해설 : ②번

닷넷은 MS Windows계열의 OS만을 지원함.

● 관련지식 ●

• J2EE
  분산 객체, 효율적 자원 관리, 컴포넌트 기반 개발 등을 자바 환경에서 사용할 수 있도록 하는
  표준 규약

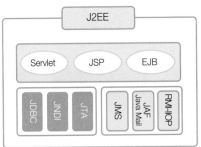

• .Net
  – MS사에서 현재 웹 기술의 한계를 극복하기 위한 차세대 인터넷의 기술로 개발한 윈도 프
    로그램 개발 및 실행 환경으로 네트워크 작업, 인터페이스 등의 많은 작업을 캡슐화하였고,
    CLR(Common Language Runtime)이라는 이름의 가상 머신 위에서 동작

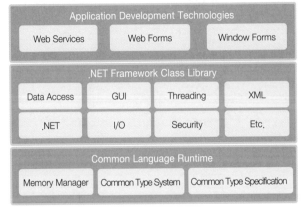

2007년 82번

다음 SOAP(Simple Object Access Protocol)에 대한 설명 중 틀린 것은?

① 어플리케이션은 느슨하게 결합된(Loosely-Coupled) 메시지 기반의 아키텍처로 구축된다.
② 어플리케이션 간 통신은 동기식(예: 요청-응답)과 비동기식(예: 문서)의 두가지 모드로 이루어져 있다.
③ SOAP 프로토콜은 보장된 메시지 전달이나 메시지 수준의 QoS를 제공한다.
④ 전송 수준(Transport Level)과 메시지 수준(Message Level)이 분리되어 있다.

● 해설 : ③번

SOAP은 XML을 파싱함으로써 웹서비스의 성능을 저하시킴으로써 QoS를 보장하기 어려우며, 웹서비스의 QoS측정요소는 가용성, 접근가능성, 무결성, 성능, 신뢰성, 표준, 보안 등이 있고 QoS를 향상시키기 위해서는 캐싱, 로드 밸런싱을 통해 제공될 수 있음.

● 관련지식 •••••••••••••••••••••••••••••••••••••••

• SOAP(Simple Object Access Protocol)
  – 일반적으로 알려진 HTTP, HTTPS, SMTP등을 사용하여 XML기반의 메시지를 컴퓨터 네트워크 상에서 교환하는 형태의 프로토콜

장점	단점
프록시와 방화벽에 구애받지 않고 통신 가능 다양한 프로토콜을 허용(HTTP 등) 플랫폼 독립적 프로그래밍 언어에 독립적	속도 저하

• SOAP의 메시지 구조

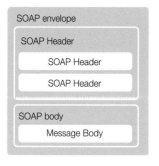

Soap envelope = Header + Body
Soap Header: 메타 정보 제공(라우팅, 인증, 트랜잭션 정보 포함)
Soap Body: 처리되어야 할 정보를 포함

다음 XML 스키마에 대한 설명 중 **틀린 것은?**

① 복합형(Complex Type) 데이터 형 정의를 사용할 수 있어 관계형 데이터베이스와의 연동이 수월하다.
② 스키마 표현법으로 EBNF(Extended Backus Naur Form)을 갖고 있어서 XML 데이터 구조를 정의하는데 적합하다.
③ 다른 스키마 안에 있는 일부 내용을 재사용할 수 있는 등 확장성이 뛰어나다.
④ 내용 검증을 위한 방법으로 검사패턴을 정규식(Regular Expression)으로도 표현할 수 있다.

● 해설 : ②번

EBNF(Extended Backus Naur Form)
프로그래밍 언어의 형식적 정의에 사용되는 표기법인 BNF의 방식에 반복되는 부분을 표시하기 위한 메타기호를 포함한 표기법

Usage	Notation	Usage	Notation
definition	=	grouping	(...)
concatenation	,	double quotation marks	" ... "
termination	;	single quotation marks	' ... '
separation	|	comment	(* ... *)
option	[...]	special sequence	? ... ?
repetition	{ ... }	exception	−

● 관련지식 ●●●

비교 항목	DTD	XML 스키마
문법	SGML 문법 준수, EBNF문법 사용	XML문법 준수
네임스페이스 지원	지원하지 않음	지원함
지원 데이터 형식	단순한 텍스트 데이터 형식	다양한 빌트인 데이터 형식 사용자 지정 데이터 형식 지원
반복 연산자 지원	0회, 1회, n회 반복 지원	최소 반복 횟수와 최대 반복 횟수를 다양하게 지정 가능
표준화 단계	W3C 표준(1999년)	W3C표준(2001년)

J2EE EJB(Enterprise JavaBeans) 스펙에서 나오는 세션 빈(Session Bean)에 대한 다음 설명 중 맞는 것은?

① 세션 빈은 오직 하나의 클라이언트 또는 사용자에게 제공된다.
② 세션 빈은 컨테이너의 실행이 중단되어도 상태를 유지한다.
③ 세션 빈은 트랜잭션(Transaction)을 인식하지 못한다.
④ 세션 빈은 영구객체(Persistence Object)이다.

● 해설 : ①번

세션 빈은 클라이언트 요청이 끝나면 함께 소멸되며 트랜잭션 인식이 가능하며 일시적인 상태를 가짐.

● 관련지식 •••

• 세션 빈(Session Bean)
  – 상태가 없는 무상태(Stateless)세션 빈과 상태가 있는 상태유지(Stateful)세션빈으로 구분하며 홈인터페이스(Home Interface), 리모트 인터페이스(Remote Interface), 빈클래스(Bean Class)로 구성되어 있으며 클라이언트는 로컬 또는 리모트 형태로 개발
  – 비즈니스 로직을 포함하고 있고 재사용이 가능한 컴포넌트
  – 엔티티 빈과 같이 서로 다른 빈간의 상호작용
  – 데이터베이스에 접근할 때 엔티티 빈을 통하여 접근하고 데이터베이스에는 저장되지 않으며 클라이언트가 종료되면 세션빈도 종료됨.

구분	Session Bean	Entity Bean
필드표현	일시적 상태	영구적인 상태
접근허용	단일클라이언트	다중클라이언트
생명주기	클라이언트 요청과 빈의 생명주기가 일치함	DB에 영속적임
키클래스	없다	1차 키 클래스가 있다
Type	Stateless, Stateful	Bmp(Bean managed persistence) Cmp(Container managed persistence)

다음 JAVA 기반의 RMI(Remote Method Invocation)의 원격 객체에 대한 가비지 콜렉션 (Garbage Collection) 기능에 대하여 설명한 것 중 틀린 것은?

① 객체 참조자의 참조 카운트를 이용하여 분산 구조에서도 가비지 콜렉션이 가능하도록 한다.
② 참조 카운트가 0이 되는 순간 해당 객체가 가비지 콜렉터를 호출해야 한다.
③ 객체에 대한 로컬 혹은 원격 참조가 더 이상 없을 때 가비지 콜렉션 대상이 된다.
④ 가비지 콜렉션을 위하여 RMI 시스템은 자바 가상머신의 식별자까지 추적, 관리한다.

● 해설 : ②번

참조 카운트가 0이 되면 분산 가비지 컬렉터는 로컬 가비지 컬렉터에 원격 객체를 넘기고 로컬 가비지 컬렉터는 이 객체가 로컬에서 참조되고 있는지를 판단해 참조 되고 있지 않을 경우에 JVM이 가비지 처리 작업을 수행

● 관련지식 ••

• 분산 가비지 컬렉션(Distributed garbage collector)
  – 더 이상 사용하지 않는 원격 객체들을 자동으로 메모리 상에서 삭제히는 기능
  – RMI는 각 자바 머신에서 사용되고 있는 객체 참조달(live reference)의 상태를 효과적으로 추적, 관리하는 레퍼런스 카운팅(reference-counting) 가비지 컬렉션 알고리즘을 이용

• 가비지 컬렉션(Distributed garbage collector)의 대상
  1) 객체에 null값 대입 시
  2) 참조변수에 다른 객체 대입 시
  3) 메소드의 수행 종료 시

정부기관의 홈페이지 구축시 사용자가 컴퓨터 운영체제 또는 웹브라우저 등 사용환경에 구애받지 않고 홈페이지를 자유롭게 이용하도록 하기 위해 "전자정부 웹 표준 준수지침(행정안전부 고시 제2009회 10호)"을 제정·고시하였다. 다음 중 해당 지침에서 규정하고 있는 사항만을 모두 고른 것은?

> 가. 모든 페이지는 사용할 인코딩 방식을 표기하여야 한다.
> 나. 논리적인 마크업을 구성하여 구조적인 페이지를 만들어야 한다.
> 다. 스크립트의 표준 확장 사용은 배제되어야 한다.
> 라. 제공되는 미디어는 범용적인 포맷을 사용해야 한다.

① 가, 다, 라   ② 가, 나, 다   ③ 가, 나, 라   ④ 가, 나, 다, 라

● **해설 :** ③번

● **관련지식** ●●

• 전자정부 웹 표준 준수지침

구분	내용
1) 내용의 문법 준수	㉮ 모든 웹 문서는 적절한 문서타입을 명시해야 한다. ㉯ 명시한 문서타입에 맞는 문법을 준수해야 한다. ㉰ 모든 페이지는 사용할 인코딩방식을 표기해야 한다.
2) 내용과 표현의 분리	㉮ 논리적인 마크업을 구성하여 구조적인 페이지를 만들어야 한다. ㉯ 사용된 스타일 언어는 표준적인 문법을 준수해야 한다.
3) 동작의 기술 중립성 보장	㉮ 스크립트의 비표준 확장 사용은 배제되어야 한다. ㉯ 스크립트 비 사용자를 위한 대체텍스트나 정보를 제공해야 한다.
4) 플러그인의 호환성	㉮ 플러그인은 다양한 웹 브라우저를 고려해야 한다.
5) 콘텐츠의 보편적 표현	㉮ 메뉴는 다양한 브라우저 사용자도 접근할 수 있어야 한다. ㉯ 다양한 인터페이스(입력기기)로 웹 사이트를 이용 가능.
6) 운영체제 독립적인 콘텐츠 제공	㉮ 제공되는 미디어는 범용적인 포맷을 사용해야 한다.
7) 부가 기능의 호환성 확부	㉮ 인증기능은 다양한 브라우저에서 사용 가능해야 한다.
8) 다양한 프로그램 제공	㉮ 정보를 열람하는 기능은 다양한 브라우저에서 사용 가능해야 한다. ㉯ 별도의 다운로드가 필요한 프로그램은 윈도우, 리눅스, 맥킨토시 중 2개 이상의 운영체제를 지원해야 한다.

Web 2.0의 기술적 요소로서 다양한 웹 사이트 상의 콘텐츠를 상호 공유하게 할 수 있는 기술이며, 빠르고 선택적인 구독과 히스토리 관리 및 자동화된 콘텐츠 연동이 가능하여 콘텐츠의 재사용을 가능하게 하는 기술은?

① RSS   ② REST   ③ OWL   ④ Contents Tagging

● 해설 : ①번

● 관련지식 •••

• RDF Site Summary, Really simple Syndication, Rich Site Summary
  – 다양한 웹 사이트 상의 콘텐츠를 요약하고, 상호 공유하고 주고 받을 수 있도록 만든 표준
  – RSS 로 대표되는 콘텐츠 신디케이션 포맷을 통해 콘텐츠(또는 feed)를 전송할 수 있음
  – 콘텐츠 자체와 메타 데이터로 구성되는 각각의 feed에는 헤드라인 내용만 있을 수도 있고, 스토리에 대한 링크만 있을 수도 있으며, 사이트의 전체 콘텐츠가 포함 될 수도 있음
  – 모든 종류의 정보를 공유하는 데 사용되며 뉴스, 업데이트 정보, 이벤트 캘린더, 콘텐츠 모음, 상품 정보 등 많은 정보들을 표현

구분	내용
피드(Feed)	블로그 또는 사이트의 정보를 항목별로 정리하여 담은 XML 문서, RSS구동기(Reader)는 이 문서를 수집하여 구독자에게 보여주는 역할을 함.
OPML(Outline Processor Markup Language)	여러 개의 RSS 피드들을 하나의 목록 파일로 정리한 것. OPML 파일을 이용하여 자신이 구독하고 있는 RSS목록을 서로 다른 RSS구독기(Reader)간에 자유롭게 이동 가능
포트캐스팅(Podcasting)	mp3나 avi 등의 멀티미디어 파일에 대한 링크를 RSS피드 안에 삽입함으로써 RSS구독자들에게 단순히 글만이 아닌 오디오, 비디오 컨텐츠까지 배포하는 역할
RSS수집기(Aggregator)	통상적으로 RSS구독기(Reader)와 같은 의미로 사용, RSS수집을 중앙 서버에서 관리하는 웹기반 RSS구독기(Reader)를 지칭할 때 많이 사용되는 용어

웹 서비스는 다양한 비즈니스 환경의 요구를 만족시키기 위해 다양한 표준 기술을 사용하고 있다. 이들 기술에 대한 설명을 올바르게 연결한 것은?

> 비즈니스 환경의 요구사항
>   A. 다양한 이기종 어플리케이션 간의 일관된 데이터 형식
>   B. 기업 내외의 다양한 어플리케이션 간의 메시지 전송 기술
>   C. 파트너와 상호 호환되는 서비스의 정의 및 사용 방법 기술
>   D. 체계적이고 자동화된 서비스의 등록, 검색 및 연동 구조
> 관련 표준 기술
>   가. SOAP(Simple Object Access Protocol)
>   나. XML(eXtensible Markup Language)
>   다. WSDL(Web Service Description Language)
>   라. UDDI(Universal Description Discovery and Integration)

① A–나, B–라, C–다, D–가
② A–나, B–다, C–가, D–라
③ A–나, B–가, C–다, D–라
④ A–나, B–다, C–라, D–가

● 해설 : ③번

● 관련지식 •••

• 웹서비스 주요 구성요소

표준	역할	설명
SOAP	메시징 표준	HTTP를 이용한 XML기반의 메시지 표준 Header정보와 Body정보로 구성되어 있음
WSDL	인터페이스 표준	서비스의 메시지 정보와 위치, Port정보 제공
UDDI	서비스 등록, 검색	Service의 등록과 검색을 지원하고, WSDL 위치 정보를 제공함
XML	데이터 표준	다양한 이기종 어플리케이션 간의 일관된 데이터 형식

Web 2.0의 주요 기술인 Ajax(Asynchronous Javascript and XML)에 대한 설명 중 틀린 것은?

① 대화식 웹 애플리케이션의 제작을 위해 HTML, CSS, XML, DOM 등의 조합을 이용하는 웹 개발 기법이다.
② 보통 SOAP이나 XML 기반의 웹 서비스 프로토콜을 사용한다.
③ 웹 브라우저와 웹 서버 간에 교환되는 데이터량의 감소로 응답성은 좋아지나 웹 서버의 처리량은 증가한다.
④ 웹 서버의 응답을 처리하기 위해 클라이언트 쪽에서는 자바스크립트를 사용한다.

● 해설 : ③번

클라이언트를 위한 HTML Tag, CSS 등의 데이터에 서버가 사용되지 않음으로써 서버의 처리량이 감소됨.

● 관련지식 ••

- Ajax(Asynchronous Javascript and XML)
  - 대화식 웹 어플리케이션의 제작을 위한 웹 개발을 위한 기술
  - Interactive한 브라우저 기반의 Application작성 기법으로 브라우저 안에 Application을 담아 별도 S/W 없이 Application 이용

전통적인 웹 애플리케이션 모델

Ajax 웹 애플리케이션 모델

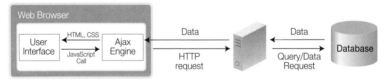

DOM(Document Object Model)과 SAX(Simple API for XML)에 대한 설명 중 **틀린 것은?**

① DOM과 SAX는 XML 문서를 처리하기 위한 응용프로그램 인터페이스이다.
② DOM과 SAX는 프로그래밍 언어에 독립적이다.
③ DOM은 이벤트 기반의 인터페이스를 사용하며 SAX는 트리 기반의 인터페이스를 사용하여 XML 문서를 처리한다.
④ DOM은 XML 문서 전체를 메모리에 적재하기 때문에 SAX에 비하여 엘리먼트(Element)가 많은 문서를 처리하는데 비효율적이다.

● 해설 : ③번

　　DOM은 트리 기반의 인터페이스 사용, SAX은 이벤트 기반의 인터페이스 사용

● 관련지식 •••

• DOM vs SAX 비교

비교항목	SAX	DOM
접근 방법	이벤트 기반	트리 기반
처리 방법	자료 구조 없이 문서를 SCAN, 순차적으로 이벤트를 발생시켜서 처리	XML문서를 Tree형태의 자료 구조로 변경하여 접근
문서 구조의 변경	어려움	동적 변경
메모리 사용량	적음	많음
장점	XML문서의 크기에 무관 단순하고 속도가 빠름	문서 구조에 대한 복잡한 처리나 연산 가능 XML문서의 생성, 편집 가능
단점	문서 구조에 대한 정보 파악이 어려움 문서 생성, 편집이 불가능	메모리 요구량이 많음 처리 속도가 늦음
적용분야	다량의 문서 처리, 메시지 처리 문서의 일부분만 읽을 경우 구조적 접근 어려운	적은 양의 문서 변경 빈번한 수정과 저장시 구조적 접근이 용이

다음 XML DTD(Document Type Definition)와 스키마(Schema)에 대한 비교 설명 중 옳은 것은?

① XML DTD와 스키마는 두가지 모두 XML 문법으로 작성된다.
② 지원 가능한 데이터 타입이 두 가지 모두 동일하다.
③ 두 가지 모두 XML 문서 안의 데이터 구조를 표현하는 규칙들의 집합이다.
④ DTD는 스키마에 비하여 데이터 항목간의 관계를 보다 명시적으로 표현할 수 있다.

● 해설 : ③번

● 관련지식 ●●

구 분	XML Schema	DTD
작성 문법	XML 1.0 을 만족	EBNF + 의사(pseudo)
구조	복잡함	상대적으로 간결함
Name Space 지원	지원함(문서 내 다수 사용 가능)	지원하지 못함(문서 내 단일)
DOM 지원	XML 이므로 DOM 지원 및 이용 가능	못함
동적스키마지원	가능(런타임시에 선택, 상호작용의 결과로 변경될 수 있으옴)	불가능(DTD는 실제로 읽기만 가능)
데이터 형	확장적인 데이터형	매우 제한적인 데이터 형
확장성	완전히 객체 지향적인 확장성	문자열 치환을 통해 확장됨
개방성	개방적, 폐쇄적 수정 가능한 컨텐츠 모델	폐쇄적 구조

다음은 웹 문서에 대한 설명이다. 잘못된 것은?

① HTML(Hyper Text Markup Lanaguage)문서는 서버에 저장된 고정 내용(Fixed-Content) 문서이며,클라이언트가 문서를 요청하면 서버는 그 문서의 복사본을 전송한다.
② ASP(Active Server Pages)는 클라이언트가 문서를 요청하면,서버는 프로그램이나 스크립트의 실행결과를 HTML 문서로 만들어 클라이언트에 전송한다.
③ JSP(Java Server Pages)는 클라이언트가 문서를 요청하면,서버는 2진 형태의 프로그램이나 스크립트를 클라이언트로 전송하고 클라이언트는 그 프로그램이나 스크립트를 실행한다.
④ JavaScript는 클라이언트가 문서를 요청하면 서버에 저장된 텍스트 형태의 스크립트를 클라이언트로 전송하고,클라이언트는 그 스크립트를 실행한다.

● 해설 : ③번

● 관련지식 •

• 웹문서
   – JSP (Java Server Pages)는 선 마이크로시스템사의 자바서블릿 기술을 확장시켜 웹환경 상에서 100% 순수 자바만으로 서버사이드 모듈을 개발하기 위한 기술로 html 코드 내에 자바 코드가 들어간 형태로 사용자 정의 태그기능이 제공되는 J2EE 기술로 웹 어플리케이션 서버에서 동작함.
   – 자바 서버 페이지는 실행시에는 자바 서블릿으로 변환된 후 실행되므로 서블릿과 거의 유사하다고 볼 수 있고 웹 디자인이 편리함.
   – 클라이언트에서 서비스가 요청되면, JSP의 실행을 요구하고, JSP는 웹 애플리케이션 서버의 서블릿 컨테이너에서 서블릿 원시코드로 변환됨. 그 후에 서블릿 원시코드는 바로 컴파일된 후 실행되어 결과를 HTML 형태로 클라이언트에 돌려주게되므로 클라이언트에 프로그램이나 스크립트를 전송하는 것이 아니라 실행결과를 보내주는 방식임.

C03. 응용 기술

시험출제 요약정리

1) 분산객체 기술

    1-1) DCOM/COM+
- COM은 윈도우 계열의 동일 컴퓨터 내에서 사용될 수 있도록 클라이언트와 서버의 인터페이스 집합
- DCOM은 네트웍 상에서 클라이언트 프로그램 객체가 다른 컴퓨터에 있는 서버 프로그램 객체에 서비스를 요청할 수 있도록 해주는 마이크로소프트의 모델
- 웹 사이트에 자신의 웹서버가 아닌 다른, 즉 네트웍 상의 보다 특정한 서버에서만 수행되는 스크립트나 프로그램을 가지도록 페이지를 만들려고 할 때, 웹사이트의 프로그램은 DCOM 인터페이스를 이용해, 필요한 절차를 수행하고 결과를 웹 서버 사이트에 돌려 주는 특정한 서버 객체에 RPC를 전달할 수 있으며, DCOM을 통해 결과를 웹 페이지 뷰어에 전달하게 됨.

    1-2) Java RMI
- RMI 내부에서는 객체 직렬화(Serialization)의 기법을 이용하여, 매개변수로 넘겨 줄 객체를 직렬화한 후 메서드를 호출할 때 함께 전송하며, 그 결과값 또한 직렬화되어 원격 컴퓨터로부터 반환됨.
- RMI를 구축하기 위해서는 원격지의 컴퓨터에 RMI Server가 필요하며, RMI Server에 객체를 넣어두고 (바인딩) 로컬 머신에서 접근한 후 객체의 메서드를 호출하게 됨.
- RMI Registry라는 서버모델이 제공 되기는 하나 이것은 단순 개발용이고, 일반적으로 RMI기반의 모델 중 가장 널리 알려진 것이 바로 EJB를 서비스해주는 J2EE모델임
- J2EE기술은 비지니스 로직을 처리하기 위한 RMI 기반의 응용 모델이며, 서비스 되는 객체가 EJB임.

구분	내용
RMI Registry	자바 RMI는 원격 객체를 관리하고 서비스하는 원격 객체 컨테이너(Container)를 제공하며, 원격 컨테이너를 RMI Registry라고 함

구분	내용
Binding	- RMI Registry에 원격 객체를 등록하는 과정을 바인딩(Binding)이라고 하며 RMI Registry에 원격 객체를 등록할 때에는 객체를 식별할 수 있는 식별자(Name)와 함께 등록해야 함 - 클라이언트가 이 원격 객체를 LookUp하였을때 RMIRegistry는 원격객체를 대신 할 원격 참조객체를 클라이언트에 보내주게 되며, 클라이언트는 이 원격참조객체를 통하여 원격 객체를 호출하게 됨

1-3) CORBA (Common Object Request Broker Architecture)

- CORBA는 어플리케이션들끼리 어느 위치든, 누가 만들었든 상관없이 상호간 통신을 보장하고 분산 객체 간의 상호 운용을 위한 통신 미들웨어 역할을 하며, 분산 객체 소프트웨어의 기본 틀로서 서비스를 제공하는 부분과 제공받는 부분간의 투명한 정보 교환이 가능하도록 하며 분산 환경에서 응용 소프트웨어를 쉽게 개발할 수 있도록 지원함.

구분	내용
ORB의 구성 (클라이언트 사이드)	- IDL 스텁 : 클라이언트의 정적 통신을 담당 - 동적 호출 인터페이스(DII: Dynamic Invocation Interface) : 동적 통신을 담당 - 인터페이스 저장소(interface repository): 인터페이스들을 저장하고 동적 호출 시 참조 - ORB 인터페이스 : 클라이언트측과 서버측에서 모두 이용할 수 있는 의사 객체(pseudo object) 관련 서비스 제공
ORB의 구성 (서버 사이드)	- 객체 어댑터(Object Adapter) : 디스크에 적재된 응용 서버의 활성화 및 비활성화 등을 담당 - IDL 스켈레톤 : 서버 측에서의 정적 통신을 담당 - 동적 스켈레톤 인터페이스(DSI:Dynamic Skeleton Interface) : 동적 통신을 담당 - 구현 저장소(Implementation Repository) : 서버 측 객체와 관련한 각종 정보를 저장
ORB 코어	- 선택 가능한 컴포넌트에 ORB의 커널 기능을 제공 최소한의 기능 - 객체 레퍼런스의 생성, 해석 등의 객체의 기능적인 표현 기능
클라이언트와 객체 구현 사이의 요청(Request)의 통신 기능	- ORB 서비스 : 보안 컨텍스트를 요청(Request)와 함께 전송 - 서버측과 클라이언트간의 정보 전달 경로 - 클라이언트의 요구 메시지가 클라이언트 스텁(또는 DSI)을 통해 ORB core를 지나 서버측의 객체 어댑터로 전달하며, 객체 어댑터는 요구한 서버의 위치를 구현 저장소를 통해 확인한 후 서버 활성화를 함. 서버 실행이 끝나면 생성된 결과 값은 요구가 전달된 역순으로 클라이언트에게 전달

2) Grid Computing

분산 병렬 컴퓨팅의 한 분야로서, 원거리 통신망으로 연결된 서로 다른 기종의 컴퓨터들을 묶어 가상의 대용량 고성능 컴퓨터를 구성하여 고도의 연산 혹은 대용량 연산을 수행 그리드 컴퓨팅은 단일 문제를 풀기 위해 네트워크 상에 있는 수많은 컴퓨터들의 자원을 동시에 이용하는 것을 말하는데, 대개 엄청난 컴퓨터 처리 사이클을 요하거나 많은 량의 데이터 접근을 요하는 과학 기술에 관한 문제들이 여기에 해당되며, 대중에게 잘 알려진 그리드 컴퓨팅의 예로는, 수천 명의 사람들이 자신의 PC에서 사용되지 않는 프로세서 사이클을 공유함으로써, 외계로부터의 가치있는 신호 조짐들을 광범위하게 검색하고 있는 SETI의 @ Home 프로젝트가 있음.

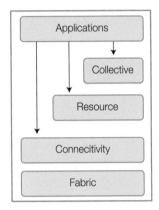

그리드에서는 기존의 자원들의 하드웨어, 운영체제, 지역적 자원 관리, 보안 기반구조를 그대로 가지고 이들 자원들을 통합하는 것에 초점을 맞추었고 상호운용성과 보안이 일차적으로 중요한 문제가 되었음.

구분	내용
패브릭 계층	계산, 저장, 네트워크, 코드 저장소와 같은 다른 자원들에 대한 접근을 제공
연결(Connectivity) 계층	핵심 통신과 인증 프로토콜을 정의
자원(Resource) 계층	개별 자원에 대한 공유 오퍼레이션에 대한 광고, 발견, 협상, 모니터링, 과금과 지불 등을 위한 프로토콜을 정의
공유(Collective) 계층	자원들 모임 사이의 상호운용성을 지원
어플리케이션 계층	앞의 계층들 위에 구축되는 모든 사용자 어플리케이션을 포함

2-1) 대상 어플리케이션별 분류

구분	내용
계산그리드	지역별로 분산된 대규모 컴퓨팅(주로 CPU,메모리)를 이용하여 거대 문제를 해석 초당 수억에서 수십억개의 계산을 동시 처리
데이터그리드	이질적인 환경에서 대용량 데이터(파일,데이터베이스,스토리지)을 네트워크를 통해 서로 공유하기 위한 가상화된 스토리지 환경 구축

구분	내용
협업그리드	지리적으로 분산된 작업자들에게 협업 환경을 제공 고속 네트워크,컴퓨터 장비,기타 고가의 첨단 기자재

2-2) 사용자 계층별 분류

구분	내용
지식그리드	데이터 마이닝과 같은 기술을 이용해 사용자에게 정보를 제공
정보그리드	정보 위치,정보분석등을 쉽게하는 환경 제공
기반그리드	컴퓨터 자원,저장장치,초고속 네트워크를 제공

3) 개발언어

구분	내용
DHTML (Dynamic HTML)	- 정적 마크업 언어인 HTML과 클라이언트 기반 스크립트 언어(자바스크립트 같은) 그리고 스타일 정의 언어인 CSS를 조합하여 대화형 웹 사이트를 제작하는 기법 - 간편한 네비게이션을 위해 대화형 폼(form)을 제작하거나, 전자 학습에 사용되는 대화형 실습장을 만드는 데 이용
XHTML(Extensible Hypertext Markup Language)	- HTML과 동등한 표현 능력을 지닌 마크업 언어로, HTML보다 엄격한 문법 - HTML이 SGML의 응용인 데 반해, 매우 유연한 마크업 언어인 XHTML은 SGML의 제한된 부분집합인 XML의 응용 - 좀 더 엄격한 버전의 HTML의 필요를 느끼게 된 가장 큰 이유는 웹 콘텐츠가 기존의 전통 컴퓨터에서 벗어나 여러 가지 장치(이동기기 등)에서 이용되기 시작하면서, 부정확한 HTML을 지원하는 데 필요한 자원이 부족한 환경이 생겨났기 때문
HTML5	- HTML5는 HTML의 차기 주요 제안 버전으로 월드 와이드 웹의 핵심 마크업 언어 - HTML5는 HTML 4.01, XHTML 1.0, DOM Level 2 HTML에 대한 차기 표준 제안이다. 이것은 어도비 플래시나 마이크로소프트의 실버라이트, 썬의 자바FX와 같은 플러그인 기반의 인터넷 어플리케이션에 대한 필요를 줄이는 데 목적을 두고 있음
Java	- 초기에 가전제품 내에 탑재해 동작하는 프로그램을 위해 개발했지만 현재 웹 어플리케이션 개발에 가장 많이 사용하는 언어 가운데 하나이고, 모바일 기기용 소프트웨어 개발에도 널리 사용 - 자바를 다른 컴파일언어와 구분짓는 가장 큰 특징은 컴파일된 코드가 플랫폼 독립적

구분	내용

Java script	– 자바스크립트(JavaScript)는 객체 기반의 스크립트 프로그래밍 언어
	– 웹 사이트에서의 사용으로 많이 알려졌지만, 다른 응용프로그램의 내장 객체에
	  도 접근할 수 있는 기능 보유
	– 웹 페이지 향상 언어로서 자바스크립트의 성공에 자극 받은 마이크로소프트는
	  J스크립트로 알려진 호환 언어를 개발
	– J스크립트는 1996년 8월에 출시된 인터넷 익스플로러 브라우저 3.0부터 지원
	  되기 시작했다. IE 브라우저에서의 자바스크립트 사용은 실제로는 J스크립트의
	  사용을 의미

JSP	– Server에서 명령을 수행하여 결과 값만을 클라이언트 쪽에 보내주는 Script
	  Language
	– JSP는 스크립트이기 때문에 작성될 때만 스크립트의 형태로 만들어지며 사용
	  될 때는 Servlet파일로 변환, 컴파일까지 되며, Servlet객체를 생성하여 Servlet
	  Container에서 관리

Servlet	– Servlet은 Server Side Applet의 약어로 자바 서블릿(Java Servlet)은 자바를 사용 하여 웹페이지를 동적으로 생성하는 서버측 프로그램 혹은 그 사양

Applet	– Java 언어로 구성된 간단한 기능의 소규모 프로그램을 의미하거나 웹 페이지에
	  포함되어 작은 기능을 수행하는 프로그램
	– 보통 애플리케이션은 main 함수가 꼭 포함되어야 하지만 자바 애플릿은 HTML
	  페이지에 포함되어 웹 브라우저에 의해 실행되는 자바 프로그램

Ajax	– Ajax(Asynchronous JavaScript and XML)는 대화식 웹 애플리케이션의 제작을
	  위해 아래와 같은 조합을 이용하는 웹 개발 기법
	– 표현 정보를 위한 HTML (또는 XHTML) 과 CSS ,동적인 화면 출력 및 표시 정보
	  와의 상호작용을 위한 DOM, 자바스크립트, 웹 서버와 비동기적으로 데이터를 교
	  환하고 조작하기 위한 XML, XSLT, XMLHttpRequest (Ajax 애플리케이션은 XML/
	  XSLT 대신 미리 정의된 HTML 이나 일반 텍스트, JSON, JSON–RPC를 이용

SGML (Standard Generalized Markup Language)	– 1986년 국제표준 (ISO8879) 언어로 채택이 된, 다른 언어를 만들 수 있는 언어,
	  메타언어 (Meta Language)로 많은 기능과 선택 사양을 포함함.확장성,구조화된
	  정보의 표현, 복잡한 사용법으로 어플리케이션 개발이 쉽지 않음

HTML (Hyper Text Markup Language)	– 1990년 등장한 단순하고 사용이 용이한 웹 문서의 사실상 표준 언어 – HTML은 확장되지 않기 때문에 개발자들이 임의로 태그를 확장할 수가 없음

4) XML (eXtensible Markup Language)

구분	내용
XML(eXtensible Markup Language)	– SGML의 실용적인 기능만을 모은 Subset으로 인터넷상에서 광범위하게 사용될 차세대 Markup Language – 자유로운 태그의 정의를 통해 사용자 임의의 문서 구조 정의

구분	내용
XSLT(Extensible Stylesheet Language Transformations)	- XML 문서를 다른 XML 문서로 변환하는데 사용하는 XML 기반 언어이다.W3C 에서 제정한 표준으로 XML 변환 언어를 사용하여 XML 문서로 바꿔주며, 탐색하기 위해 XPath를 사용 - 원본 문서는 변경되지 않으며, 원본 문서를 기반으로 새로운 문서가 생성
XLL(eXtensible Linking Language)	- XML 문서간 연결을 가능케 하는 강력한 링크 기능 수행 언어 - Xlink : Hyper link의 인식과 처리 - Xpointer : XML 문서내의 요소에 대한 주소
XPath	- XPath(XML Path Language)는 W3C의 표준으로 확장 생성 언어 문서의 구조를 통해 경로 위에 지정한 구문을 사용하여 항목을 배치하고 처리하는 방법을 기술하는 언어 - XML 표현보다 더 쉽고 약어로 되어 있으며, XSL 변환(XSLT)과 XML 지시자 언어(XPointer)에 쓰이는 언어 예) 모든 영문 Wikimedia 프로젝트의 주소(language 속성이 English인 모든 edition 요소의 문자열)를 선택 /wikimedia/projects/project[@name="Wikipedia"]/editions/edition/text()

XQuery	- XQuery는 W3C(World Wide Web Consortium)에 의해 개발 중인 질의어의 규격으로서 XML 데이타(단순한 XML 파일 뿐 아니라 관계형 데이타베이스를 포함하여 XML로 나타날 수 있는 모든 것) 모음을 질의하기 위해 고안
	- FLWOR 표현식 : FLWOR("플라워"로 발음) 표현식은 XQuery를 구성하는 요소입니다. 이 이름은 해당 표현식을 구성하는 키워드인 For, Let, Where, Order by, Return 등에서 따온 것입니다. for 절은 반복을 위한 메커니즘을 제공하며 let 절은 변수를 할당
	예) for $b in document("books.xml")/bib/book
	    return
	    if (count($b/author) <= 2) then $b
	    else ⟨book⟩ { $b/@*, $b/title, $b/author[position() <= 2], ⟨et-al/⟩,
	        $b/publisher, $b/price } ⟨/book⟩

4-1) XML Schema와 DTD비교

구분	XML Schema	DTD
작성문법	XML 1.0 만족	EBNF+의사(pseudo)
구조	복잡함	간결함
Name Space 지원	지원함(문서내 다수 가능)	지원하지 않음(문서내 단일)
DOM 지원	XML 이므로 DOM 이용 가능	못함
동적스키마 지원	가능(런타임 시 선택, 상호작용의 결과로 변경될 수 있음)	불가능(DTD는 실제로 읽기만 가능)

구분	XML Schema	DTD
데이터형	확장적인 데이터 형	매우 제한적인 데이터 형
확장성	완전히 객체지향적인 확장성	문자열 치환을 통해 확장됨
개방성	개방적,폐쇄적 수정 가능한 컨텐츠 모델	폐쇄적 구조

4-2) DOM과 SAX 비교

구분	DOM	SAX
접근방법	트리기반	이벤트 기반
장점	빈번한 수정,저장가능 여러 응용프로그램에서 동시 사용	메모리 효율적 사용 사용이 쉽고 속도가 빠름
단점	메모리 및 리소스 사용 많음 속도가 느림	구조적 접근이 어려움 수정 저장이 불가능
적용분야	구조적 접근이 필요할 때 여러 응용프로그램에서 한 XML 공유 사용 가능	문서의 일부분만 읽을 경우 유효성 처리 데이터 변환

5) 통합기술

5-1) EAI
- 전사애플리케이션통합(EAI, Enterprise Application Integration)은 조직 내의 애플리케이션들을 현대화하고 통합하고 조정하는 것을 목표로 수행되는 제반 컨설팅, 시스템 구축 및 개발 등을 총칭

구분	Point to Point	Hub & Spoke	Bus
내용	긴밀하게 연결된 어플리케이션이 적을경우	긴밀히 연결된 어플리케이션이 많은 경우	
라우팅 룰	어플리케이션 간의 라우팅이 정적인 경우	어플리케이션간의 라우팅이 동적인 경우	어플리케이션간의 라우팅이 정적이되 복잡하지 않은 경우
확장성	낮음	높음	
관리	분산관리방식 한 어플리케이션 변경 사항이 다른 어플리케이션들의 변경을 초래 관리가 어려움	집중관리방식 한 어플리케이션 변경 사항이 다른 어플리케이션들의 변경을 초래하는 효과 없음 중앙집중방식으로 관리	분산관리 방식

5-2) ESB (Enterprise Service Bus)
- ESB = EAI (Enterprise Application Integration) + 표준화 + 분산화
- 비즈니스 내에서 서비스, 애플리케이션, 자원을 연결하고 통합하는 미들웨어 또는 인프라
- 느슨하게 결합되었거나 결합되지 않은 구성 요소들 간에 중재적인 관계와 직접 통신을 지원하는 웹서비스가 가능한 인프라(Gartner Group)

구분	EAI	ESB
통합종류	어플리케이션 통합	서비스 통합,서비스 호스팅
통합방안	시스템별 어댑터 사용으로 복잡성 증가	표준기술 사용한 단순통합
표준	벤더별 전송기술 상이	개방형 표준(웹서비스)
통합형태	정적 결합(Static,1:1 결합)	느슨한 결합(Dynamic, 1:N 결합)
비용	통합대상 시스템별 어댑터 구입 또는 개발로 지속적 비용 발생	동일 표준기반이므로 추가 개발비용 절감,비즈니스 로직 재사용을 통한 비용 절감
구현아키텍처	집중형(Hub & Spoke)	분산형(Distribute)

5-3) ETL(Extraction, Transformation, Loading, ETT와 동의어)
- 다양한 소스시스템(Source System)으로부터 필요한 데이터를 추출(Extract)하여 변환(Transformation) 작업을 거쳐 타겟 시스템(Target System)으로 전송 및 로딩(Loading)하는 모든 과정 (데이터웨어하우스 구축에 사용되는 데몬 프로그램)

5-4) EII (Enterprise Information Integration)
- EII란 물리적 통합 없이 다양한 애플리케이션이 다양한 데이터를 자유로이 조회하고 접근할 수 있는 가상의 데이터 통합 기술을 의미
- Gartner에서는 EII를 단순한 하나의 기술이 아닌 "기업의 데이터가 비즈니스 니즈를 가장 잘 충족시킬 수 있도록 통합된 상태"를 달성하기 위한 목적이라고 규정하고 있다.

구분	EII	ETL
주요기능	분산된 데이터들의 실시간 통합 어플리케이션들의 표준화된 데이터 접근과 변환기능 제공	대량의 데이터의 변환/적재 DW/DM의 분석 기반 데이터를 추출/정제
통합방법	메타데이터에 기반한 변환/통합	데이터 클린징
데이터 이동	물리적인 데이터의 이동없이 가상화	대용량의 데이터 이동

구분	티	ETL
데이터 유형	정형/비정형 데이터	구조화된 정형 데이터
데이터 접근	실시간 데이터 접근	배치 방식 데이터 접근
데이터관리	원본 데이터의 일부 업데이트 가능	원본 데이터의 읽기만 가능한 단방향
장점	분산데이터를 단일 데이터 서버에 있는 것처럼 어플리케이션 구현가능 분산된 데이터 조작에 최적화된 쿼리를 자동화	데이터의 추출/변환의 병렬처리 지원 작업 일정/계획에 따라 대량의 데이터를 분석 가능한 형태로 변환 가능
단점	운영업무 시스템에 대한 복잡한 티의 질의 처리 요구 시 해당 어플리케이션의 성능저하(단순하고 구체적인 질의 사용) 다양한 소스시스템의 데이터변환 시 상세한 프로파일링과 분석 필요	데이터 적재와 이동 프로세스의 설계 오류 시 시스템의 전반적인 업무 프로세스를 재설계 실시간 데이터 분석요구에 대한 대응 지연

6) 경영기술

6-1) SCM(Supply chain management)
- SCM은 물자, 정보, 및 재정 등이 공급자로부터 생산자에게, 도매업자에게, 소매상 인에게, 그리고 소비자에게 이동함에 따라 그 진행 과정을 감독하는 것임. SCM은 회사내부와 회사들 사이 모두에서 이러한 흐름들의 조정과 통합 과정이 수반됨.
- SCM 소프트웨어에는 두 가지 주요 형태가 있는데, 하나는 계획 애플리케이션 (Planning)이고, 다른 하나는 실행 (Execution) 애플리케이션임.
- 계획 애플리케이션은 주문을 만족시키기 위해 최선의 방식을 결정하는 진보된 알고리즘을 사용하며, 실행 애플리케이션은 상품의 물리적인 상태나, 자재 관리, 그리고 관련된 모든 당사자들의 재원 정보 등을 추적 관리함.

구분	내용
SCM Strategy	공급망 전체의 최적화 차원에서 공급망의 설계 및 개선전략을 수립하거나 현 공급망을 분석하여 최적 운영을 위한 조달, 분배, 수/배송정책 및 운영기준을 정립
SCP (Supply Chain Planning)	수요예측, 글로벌생산계획, 수배송계획, 분배할당 계획 등 공급망의 일상적 운영을 위한 최적화된 계획을 수립
SCE (Supply Chain Execution)	창고, 수배송 관리 등 주로 현장 물류의 효율화와 바코드, RF 등Digital 정보 도구와 인터페이스에 의한 현장 물류관리를 담당

6-2) CRM (Customer Relationship Management)
- 고객에 대한 정확한 이해를 바탕으로 고객이 원하는 제품과 서비스를 지속적으로 제공함으로써 LTV(고객 생애가치)를 극대화하는 마케팅 관리기법으로 시장점유율보다 고객점유율, 고객 신규 획득보다 기존 고객의 유지에 비중을 두며 제품판매보다는 고객관계에 비중을 둠 (새로운 고객의 확보, 기존 고객의 수익성 강화, 유익한 고객 유지)

구분	개념	구성요소
운영 CRM (Operational CRM)	- 고객접점에서 고객관리 지원 - 영업,마케팅,고객서비스를 연계한 업무지원, 비즈니스 프로세스 통합화 및 자동화	- 마케팅 정보관리 - 캠페인 시스템 - Sales Force Automation
분석 CRM (Analytical CRM)	- 운영에서 발생하는 데이터로 마케팅 분석, 판매분석 지원 - DW와 연계하여 분석 정보 제공	- 전사적 DW, OLAP 구축 - Data Mining
협업 CRM (Collaborative CRM)	- 고객과의 접촉 채널지원 - 고객과 기업, 기업내의 조직간 업무 일원화, 협업을 목적으로 상호연관서비스 지원	- Call Center - Mobile Service - e-CRM, g-CRM

6-3) ERP (Enterprise Resource Planning)
- 기업내의 생산,물류,재무, 회계,영업 및 구매, 재고 등 기간업무 프로세스들을 통합적으로 연계 관리 해주며,주위에서 발생하는 정보들을 서로 공유하고 새로운 정보 생성 및 빠른 의사결정을 도와주는 기업통합 정보 시스템
- 1970년대의 자재소요계획(MRP 또는 mrp: Material Requirement Planning), 1980년대의 제조자원계획(MRPII 또는 MRP: Manufacturing Resource Planning) 이 보다 확장된 통합정보시스템
- 미국 컨넥티컷트 주에 본부를 둔 정보 컨설팅회사인 가트너 그룹이 최초로 사용

6-4) Value Chain의 정의
- 경쟁우위의 기초인 비용의 행태 및 차별화와 현재 또는 잠재적 원천을 이해하기 위해서는 기업을 전략적으로 중요한 활동으로 분해하는 것이 중요하며 이러한 가치를 형성하는 활동에 이익을 합한 전체 가치 (마이클 포터, 1985)

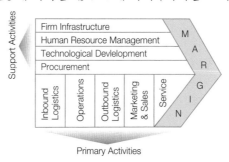

6-5) BPM
- BPM은 조직의 비즈니스 프로세스를 개선하기 위한 체계적 접근 방법으로 비즈니스 프로세스는 특정한 조직 목표 달성을 위해 사람과 설비 모두에 의해 진행되는 일련의 협동 작업 및 활동임.
- 보다 진보된 e-business와 B2B 개발을 통한 공통 비즈니스 프로세스의 표준화를 촉진하기 위해 조직된 BPMI라는 비영리 단체가 있으며 비즈니스 프로세스를 모델링하기 위해 XML 기반의 메타 언어인 BPML (Business Process Modeling Language)을 개발하였음.

6-6) Datawarehouse/Data Mart
- 데이터 웨어하우스는 회사의 각 사업부문에서 수집된 모든 데이터(또는 중요한 데이터)에 관한 중앙창고임
- 다양한 온라인 거래처리 프로그램들이나 기타 다른 출처로부터 모아진 데이터들은, 분석적인 용도나 사용자 질의에 사용되기 위하여, 선택적으로 추출되고 조직화되어 데이터 웨어하우스 데이터베이스에 저장되며 데이터 마이닝이나 의사결정지원시스템(DSS)은 데이터 웨어하우스의 활용이 필요한 응용프로그램임

7) 디자인 패턴의 분류

		Creational Pattern (생성패턴)	Structural Pattern (구조패턴)	Behavioral Pattern (행위패턴)
의미		객체의 생성방식을 결정하는 패턴	Object를 조직화하는데 유용한 패턴	Objcct의 행위를 Organize, Manage, Combine하는데 사용되는 패턴
범위	클래스	Factory Method	Adapter(Class)	Interpreter, Template Method
	객체	Abstract Factory, Builder, Prototype, Singleton	Adapter(Object), Bridge, Composite, Decorator, Façade, Flyweight, Proxy	Command, Iterator, Mediator, Memento, Observer, State, Strategy, Visitor, Chain of Responsibility

8) Green IT (Green of IT, Green by IT)
- 그린 IT는 IT 부문의 친환경 활동 또는 IT를 활용한 친환경 활동을 포괄하는 용어로 고유가와 기후변화 가 글로벌 이슈로 떠오르면서 IT 부문의 에너지 절감 및 이산화탄소 감소 활동을 의미하는 것으로 사용되고 있음.
- 그린 IT는 환경을 의미하는 녹색(Green)과 정보통신기술(IT)의 합성어로 IT 부문 녹색화 (Green of IT)와 IT 융합에 의한 녹색화(Green by IT)를 함축하고 있음. Green of

IT는 IT 제품 및 서비스의 라이프 사이클 전반을 녹색화하고 신성장 동력으로 육성하는 것이고, Green by IT는 IT 융합으로 에너지/자원의 효율적 이용을 극대화하여 저탄소 사회 전환을 촉진하고, 실시간 환경 감시 및 조기 재난 대응 체계를 마련하여 기후변화 대응력을 강화하는 것임.

구분		내용
비전		글로벌 그린 IT 선도국가 실형
주요목표		IT의 녹색화 및 신성장 동력화 IT 융합 스마트 저탄소 사회 전환 촉진 IT 기반 기후변화 대응 역량 강화
핵심과제	IT 부문 녹색화 (Green of IT)	① World Best 그린 제품 개발 및 수출전략화 → 저전력, 고효율 IT 기기 개발 및 보급을 통해 이산화탄소를 획기적으로 감축하고 세계 그린 IT 시장 선도, 2020년까지 에너지 소비량 20%, 탄소 배출량 연간 205만톤 이상 절감 ② IT 서비스 그린화 촉진 → IT 서비스 그린화로 지식서비스 산업의 녹색 성장기반 강화, IDC 그린화와 클라우드 컴퓨팅 보급으로 전력효율 40% 향상, 그린 IDC 플랜트 모델 발굴 및 수출실현(2020년) ③ 10배 빠른 안전한 네트워크 구성 → 2013년 현재보다 10배 빠른 초광대역 융합망 구축 및 핵심기술 확보 유선 100M에서 1G, 무선 1M에서 10M, 개별 센서망에서 통합센서인프라 구현하며 실감형 영상회의, 원격 교육/의료 등을 위한 인프라 제공
	IT 융합에 의한 녹색화 (Green by IT)	④ IT를 통한 저탄소 업무 환경으로 전환 ⑤ IT 기반 그린 생활혁명 구현 ⑥ IT 융합 제조업 그린화 ⑦ 스마트 녹색 교통, 물류 체계로의 전환 ⑧ 지능형 전력망 인프라 구축 ⑨ 지능형 실시간 환경감시 및 재난 조기대응체계 구축

9) Cloud Computing (SaaS, PaaS, IaaS)
- 인터넷 기반(cloud)의 컴퓨팅(computing) 기술 → IT 관련된 기능들이 서비스 형태로 제공되는 컴퓨팅 스타일
- 정보가 인터넷 상의 서버에 영구적으로 저장되고 데스크 탑이나 테이블 컴퓨터, 노트북, 벽걸이 컴퓨터, 휴대용 기기 등과 같은 클라이언트에는 일시적으로 보관되는 패러다임 (IEEE)

구분	내용
SaaS (Software as a Service)	– 애플리케이션을 서비스 대상으로 하는 SaaS는, 사업자가 인터넷을 통해 소프트웨어를 제공하고, 사용자가 인터넷상에서 이에 원격 접속해 해당 소프트웨어를 활용하는 모델 – 하나의 플랫폼을 통하여 다수의 고객에게 SW를 제공하고 고객은 사용한 만큼 비용 지불 – Customizing 없이 네트워크 기반 접속 및 관리되는 상업용 소프트웨어 – Application의 제공이 전형인 1대1 모형이 아니라 Single Instance, Multi-Tenant Architecture를 포함하는 1대 다 모형에 가까움
PaaS (Platform as a Service)	– 서비스로서의 플랫폼이라는 뜻으로, 표준화된 플랫폼을 제공하는 서비스 "가상화된 하드웨어와 소프트웨어 등을 필요에 따라 제공하며, 모든 개발과 관련된 환경 및 프로세스를 제공
PaaS (Platform as a Service)	– PaaS는 사용자가 소프트웨어를 개발할 수 있는 환경을 제공해 주는 서비스 – 개발자들은 플랫폼 상에서 제공되는 자원을 활용하여 새로운 어플리케이션 제작이 가능
IaaS (Infrastructure as a Service)	– 서버 인프라를 서비스로 제공하는 것으로 저장 장치(storage)또는 컴퓨팅 능력을 인터넷을 통해 제공서버 또는 스토리지를 사용자에게 서비스 형태로 제공 – 직접 서버에 서비스를 구성하는 것과 같이 가상 서버에 서비스를 구성하고 관리
가상화 (virtualization)	– 컴퓨터에서 컴퓨터 리소스의 추상화를 일컫는 광범위한 용어로 물리적으로 분산된 시스템을 논리적으로 통합하거나 하나의 시스템을 논리적으로 분할하여 어플리케이션 서버, 스토리지, 네트워크 등의 자원을 효율적으로 사용하는 기술 – 일반적으로 스토리지, 서버, 네트워크, 서비스 가상화로 분류

10) Utility Computing

- 유틸리티 컴퓨팅은 서비스 제공자가 고객에게 컴퓨팅 자원과 기반시설 관리를 제공해주는 형태의 모델로서 정액제 대신 사용량에 따라 요금을 부과하는 종량제로 운영되는 경우가 많음. 그리드 컴퓨팅 등 여타 다른 형식의 온디맨드 컴퓨팅과 마찬가지로 유틸리티 컴퓨팅 모델 역시 자원의 사용 효율을 극대화하고 관련 비용을 최소화하는 것을 추구함.
- 유틸리티라는 용어는 전기나 수돗물 등과 같이 스위치를 켜거나 수도꼭지를 열기만 하면 언제 어디서나 편리하게 전등을 켜거나 수돗물을 받아쓸 수 있는 식의 서비스를 지향한다는 의미에서 붙여진 이름임.

EAI(Enterprise Application Integration)의 데이터 전송방식 중 허브& 스포크(Hub & spoke) 방식에 대한 설명 중 틀린 것은?

① 관리가 쉬워 유지 • 보수비용이 적게 든다.
② Point-to-Point 방식에 비하여 저렴한 비용으로 구축할 수 있다.
③ 모든 데이터가 허브시스템에 저장됐다가 전달되는 구조여서 데이터 전송의 보장성이 뛰어나다.
④ 허브시스템에서 단일접점(Single Point)으로 주변의 여러 애플리케이션과의 연계 업무를 담당하는 중앙집중 방식이다.

● 해설 : ②번

Point-to-Point 방식은 EAI 구축유형중 가장 저렴한 방식임.

● 관련지식 ●●

• EAI(Enterprise Application Integration)
  이기종 어플리케이션을 네트워크 프로토콜, 운영체제, DB에 관계없이 비즈니스 프로세스 차원에서 통합해주는 비즈니스 통합 솔루션

• EAI 통합관점에 따른 분류

구분	내용
데이터중심 통합	– 데이터 소스의 변환을 통한 통합이 이루어지는 형태로 어플리케이션간의 통합은 이루어지지 않고 통합된 메타데이터를 통해 통합됨 – 자동적인 변환보다는 데이터의 수동적 변환에 의존하여 통합을 진행하는 방식 – XML 기술을 중심으로 한 데이터 통합방식이 주로 사용됨
메시지중심 통합	– 어플리케이션 명령어들의 상호변환을 통한 통합방식 – 어플리케이션들은 이들 미들웨어에 의해 상호 연동됨
억세스중심 통합	– 외부 시스템의 데이터나 인터페이스를 하나 또는 그 이상의 기존 시스템과 통합하는 방식으로 e비즈니스를 위한 기업 상호간 연동에 많이 사용됨 – 기업들은 상호간의 어플리케이션을 연동할 필요가 없이 통합서버를 통해 포탈이나 외부 인터페이스와 연동되고 이는 전체 어플리케이션들의 작동에 통합적으로 영향을 미치는 방식을 취함

RPC(Remote Procedure Call)에대한 설명 중 **틀린 것은?**

① RPC 프로토콜의 대표적인 예는 DCOM, JavaRMI 등이 있다.
② 한 컴퓨터가 다른 컴퓨터에 있는 원격 객체를 호출하여 수행하기 위한 프로토콜이다.
③ RPC에서 매개변수 전달은 참조(reference)와 값(value)에 의한 호출 방식을 지원한다.
④ 스텝(stub)은 원격 프로시져 호출을 네트워크 인터페이스 서비스 형식(Socket 등)의 네트워크 메시지로 변환한다.

● **해설 : ③번**

RPC는 값에 의한 호출 방식만 지원가능함.

● **관련지식** •

• RPC(Remote Procedure Call)
분산 시스템에서 프로세스간 통신 방식 지원, 값에 의한 전달(Call by value) 방식

• 분산 객체 기술간의 비교

구분	RMI	DCOM	CORBA
개발	SUN	MS	OMG
통신	RMI-IIOP	RPC-기반	IIOP
언어	JAVA기반	C++외 다양	JAVA포함(CORBA3.0)
자동화	RMIC	취약	RMIC와 유사

• 마샬링
특정 값을 다른 도메인에서 유효한 값으로 전달되게 하는 방법, 어떤 한 언어로 작성된 프로그램의 출력 매개변수들을 다른 언어로 작성된 프로그램의 입력으로 전달하는 방법

다음의 디자인 패턴에 관한 설명 중 틀린 것은?

① Adaptor – 복잡하거나 생성하는데 시간이 걸리는 객체를 조금 더 간단한 객체로 나타내기 위해 사용하는 패턴이다.

② Factory – 객체생성을 위한 인터페이스를 정의하기 위하여 어떤 클래스가 인스턴스화될 것인지를 서브클래스가 결정하도록 하는 것이다.

③ Observer – 1:N의 객체의존 관계를 정의한 것으로 한 객체가 상태를 변화시킬때 의존관계에 있는 다른 객체들에게 자동적으로 통지하고 변경시킨다.

④ Composite – 새롭게 동적으로 생성된 복합객체와 이미 정의된 기본객체를 동일한 방식으로 사용할 수 있도록 설계하기 위해 적용한다.

● 해설 : ①번

adaptor 패턴은 객체를 감싸서 다른 인터페이스를 제공하는 구조 패턴

● 관련지식 ••

• 디자인 패턴
어떤 분야에서 계속 반복해서 나타나는 문제들을 해결해 온 전문가들의 경험을 모아서 정리한 것

• 디자인 패턴의 중요한 세가지 규칙
1) 구현(Implementation)클래스가 아니라, 인터페이스(Interface)를 가지고 프로그래밍한다.
2) 상속(Inheritance)이 아니라 위임(Delegation)을 사용한다
3) 커플링(Coupling)을 최소화한다.

서비스 지향 아키텍처(Service-Oriented Architecture)가 추구하는 목표로 **가장 거리가 먼 것**은?

① 플랫폼간의 상호운영성(Interoperability)
② 밀접한 연결(Tightly Coupling)
③ 기존에 존재하는 시스템의 재사용성(Reusability)
④ 기존 서비스를 이용하여 새로운 서비스를 생성할 수 있는 능력(Composability)

● 해설 : ②번

밀접한 연결이 아닌 Loosely coupled한 연결을 지향함.

● 관련지식 •••

– SOA의 개념
대규모 시스템을 구축할 때의 개념으로 업무상에 일 처리에 해당하는 소프트웨어 기능을 서비스로 판단하여 그 서비스를 네트워크상에 연동하여 시스템 전체를 구축해나가는 방법론

– SOA의 특징
서비스는 발견가능하고 동적으로 바인딩 됨
서비스는 컴포넌트와 같이 독립된 모듈
서비스의 플랫폼간 상호 운용이 가능
서비스는 느슨하게 연결됨
서비스는 네트워크 주소로 접근 가능한 인터페이스를 가짐
서비스는 위치 투명성을 제공
서비스의 조립이 가능
서비스는 자기 치유(self-healing)을 지원

구분	EDA(Event Driven Architecture)	SOA(Service Oriented Architecture)
상호 규약 정보	이벤트 규격 정보	서비스 인터페이스 정보
연결 방식	N:N	1:1
흐름 제어 주체	이벤트 수신자	클라이언트
흐름 제어 방식	동적/병렬/비동기 방식	순차 경로
새로운 입력에 대한 대응	진행중에도 반응	진행중엔 차단

원거리 통신망으로 서로 다른 기종의 컴퓨터들을 묶어 가상의 대용량 고성능 컴퓨터를 구성하고 계산 지향적인 연산이나 용량 수요가 큰 연산을 수행하는 그리드를 분류할 때 가장 적절하지 않은 것은?

① 컴퓨팅 그리드
② 데이터 그리드
③ 가상 그리드
④ 장비 그리드

● 해설 : ③ 번

기능면에서 그리드 컴퓨팅은 컴퓨팅그리드, 데이터 그리드, 액세스 그리드, 장비 그리드로 구분되며 가상 그리드라는 용어도 사용되기는 하나 상대적으로 일반화되지는 않은 용어임.

● 관련지식 •••

기능면에서, 그리드 컴퓨팅은 4가지로 분류될 수 있음.

구분	내용
컴퓨팅 그리드 (Conputing Grid)	복잡한 연산을 수행하기 위해 CPU 훔치기(CPU Stealing)에 초점을 맞춘 것
데이터 그리드 (Data Grid)	대용량의 분산 데이터를 공유 관리하는 것
액세스 그리드 (Access Grid)	지리적으로 떨어진 곳에 있는 사용자들 간에 오디오와 비디오를 사용하여 업무 협력을 가능하게 하는 것
장비 그리드 (Equipment Grid)	주요 장비를 원격 조정하며 장비로부터 얻은 데이터를 분석하는 것

가상 그리드는 가상 워크스페이스와 물리적 자원을 매핑한 그리드를 의미하고 Open XML 개체 모델의 서버문서의 그리드 테이블관련 용어로도 사용되며, 네트워크에서도 가상그리드 용어가 사용됨.

VoIP에서 사용할 수 있는 프로토콜인 SIP와 H.323을 비교한 것으로 가장 적절하지 않은 것은?

① SIP는 IETF에서, H.323은 ITU에서 표준으로 제정하였다.
② SIP의 메시지 형태는 HTTP 기반의 텍스트이고, H.323은 ASN.1에 의해 코딩 방식을 따르고 있다.
③ SIP는 한 개의 UDP 채널을 사용하고, H.323은 두 개의 UDP 또는 TCP 채널을 사용한다.
④ SIP는 메시지 확장성이 좋지만 H.323은 확장을 위해 많은 프로토콜을 결합해야 한다.
⑤ SIP는 프로토콜 계층에 종속적이지만 H.323은 프로토콜에 독립적이다.

● 해설 : ⑤번

SIP와 H.323은 모두 TCP와 UDP로 구현 가능하며 H.323 프로토콜은 독립적으로 존재하는 프로토콜이 아니며 H.323 프로토콜은 다수의 프로토콜로 세분화 되어있음.

구분	내용
H.225	콜의 구축 및 종료 등 콜의 세션을 관리하는 프로토콜
H.245	콜에 참여한 장치들 간의 콜에 관련한 어플리케이션 포트 번호나 코덱 등 콜 매개변수를 제공하는 프로토콜
RTP	생성된 콜에 의한 실제 음성이나 비디오 등 미디어 스트림의 전송을 담당하는 프로토콜

● 관련지식 ●●

- SIP은 일반 전화번호 또는 E_mail 주소 형태의 식별자를 이용하여 언제, 어디서나, 단말기에 관계없이 양 단말간 VoIP 서비스를 제공하기 위한 호 설정용 인터넷 표준 프로토콜임.
- SIP는 텍스트 형태로 구성되어 개발이 쉽고, 웹 프로토콜인 HTTP와 호환되며, 기존 인터넷 서비스를 그대로 수용할 수 있고, 응용 서버(Application Server)를 위한 일반 응용 서비스의 컴포넌트로 구성될 수 있으므로 모든 새로운 서비스 확장에 용이함.
- VoIP 분야의 호 설정 프로토콜은 ITU-T H.323이 대다수를 차지하고 있으며 인터넷 전화 서비스업자들은 검증된 기술로서 H.323을 선택하고 있음.
- SIP와 H.323 의 특징 비교

비교항목	SIP	H.323
구조	구성요소(Element)	스택
표준기구	IETF	ITU

비교항목	SIP	H.323
회의제어	표준화 진행 중	지원
인코딩	HTTP 유사	ASN.1 Q 931
주안점	멀티미디어,멀티캐스트,이벤트	전화
주소	평면 alias, E.164, 이메일	SIP URL, E.164 URL

J2EE에서 엔터티 빈 설계 시 요구사항으로 가장 적절하지 <u>않은</u> 것은?

① 엔터티 빈과 리모트 빈을 단순하게 구조화 한다.
② 네트워크 트래픽을 최소화하는 방향으로 설계한다.
③ 코드의 중복을 이용하여 호출 수를 줄인다.
④ 다중 동시접근과 트랜잭션을 보장한다.

● **해설 : ③번**

엔터티 빈은 데이터베이스에 저장되는 연속성 있는 객체를 표현하는 객체를 나타내며 네트워크 트래픽을 최소화하고 구조를 단순화하는 방향으로 설계하되, 일반적으로 코드의 중복성을 통해 호출 수를 감소할 수 있는 방식으로 설계 하지는 않음.

● **관련지식** •••

구분	내용
엔터티 빈	데이터베이스에 저장되는 영속성있는 객체를 표현
세션빈	클라이언트 에플리케이션의 확장으로 일반적으로 일시적인 처리흐름을 가지는 상호 작용 속성을 가지는 객체를 나타냄

  – 클라이언트는 빈 클래스와 직접적으로 상호작용하지 않으며 클라이언트는 항상 자동적으로 생성된 스텁과 상호 작용을 하면서 빈의 홈과 리모트 인터페이스의 메소드를 이용함.

구분	내용
리모트 인터페이스 (remote interface) 클래스	빈의 비즈니스 메소드를 정의함 리모트 인터페이스 는 java.rmi.Remote를 계승한 javax.ejb.EJBObject를 상속받으며 홈 인터페이스는 새로운 빈을 생성하고, 제거하고, 찾아내는 등의 빈의 라이프사이클 메소드를 정의함
홈 인터페이스 (home interface) 클래스	홈 인터페이스는 java.rmi.Remote를 계승한 javax.ejb.EJBHome을 상속받음 다른 컴포넌트 모델과의 차이점은 빈클래스가 실제로 인터페이스를 구현하지 않는다는 것이며 빈 클래스는 반드시 홈이나 리모트 인터페이스에 정의된 메소드에 대응하는 메소드를 가져야 함

  – 컨테이너는 빈의 새로운 인스턴스를 생성하고 사용할 수 있도록 저장해주는 등의 역할을 하며 리모트 인터페이스와 홈 인터페이스를 구현하는 역할을 담당함.
  – 각 유형의 빈을 위한 EJB 객체와 EJB홈을 관리하고 트랜젝션, 보안, 동시성 제어, 네이밍

(naming)의 주요 서비스를 적용하도록 도와 줌.

- 엔터티 빈들은 빈 관리에 의한 저장(BMP, Bean Managed Persistence)이라고 하여 JDBC(Java Datebase Connectivity)를 이용하여 직접 코드에 의해서 데이터베이스를 처리할 수 있으며, 컨테이너관리 에 의한 저장(CMP, Container Managed Persistence)은 컨테이너에 의해서 데이터 베이스를 처리

닷넷에서는 다양한 플랫폼간의 상호운용성, 보다 나은 확장성과 성능, 향상된 기업 환경의 응용프로그램을 구축할 수 있는 많은 장점을 제공하는 ADO.NET이 있다. 다음 ADO.NET의 특징을 설명한 것 중 가장 적절하지 **않은** 것은?

① 이기종 환경에서 서로 통신할 수 있는 상호 운영성이 뛰어나다.
② 시스템 성능을 떨어뜨리지 않고서도 많은 클라이언트를 수용할 수 있는 확장성이 우수하다.
③ 확장 가능한 컴포넌트 객체 모델을 사용하여 강력한 데이터 액세스 응용프로그램을 빠르게 개발할 수 있는 생산성이 우수하다.
④ 연결형 데이터모델로 항상 서버에 연결된 상태에서 서버의 실시간 정보를 참조하므로 속도가 빠르다.

● 해설 : ④번

ADO.NET은 비연결형이 특징이며 비연결형은 필요 시에만 연결한다는 의미임.

● 관련지식 ●

구분	내용
상호 운용성	– ADO.NET 응용 프로그램을 사용하면 XML의 유연성과 폭 넓은 수용성을 활용할 수 있음 – XML은 네트워크를 통해 데이터 집합을 전송하기 위한 형식이기 때문에 XML 형식을 읽을 수 있는 모든 구성 요소에서 데이터를 처리할 수 있음
유지 관리 용이성	– 배포된 응용 프로그램의 사용자가 많아지면 성능 부하가 증가되어 구조적 변경이 필요하게 되며 배포된 응용 프로그램 서버에서 성능 부하가 증가되면 시스템 리소스가 부족해지고 응답 시간이나 처리 속도가 느려짐 – 이러한 문제를 해결하려면 소프트웨어 설계자는 서버의 업무 논리 처리와 사용자 인터페이스 처리를 별도의 컴퓨터에 서로 다른 계층으로 분리하며 ADO.NET에서 구현된 경우 이러한 변형은 좀 더 쉬워짐
프로그램 가능성	– Visual Studio의 ADO.NET 데이터 구성 요소에서는 실수를 줄이고 좀 더 신속하게 프로그램을 만들 수 있도록 다양한 방식으로 데이터 액세스 기능을 캡슐화함 – 데이터 명령에서는 SQL 문 또는 저장 프로시저를 빌드하고 실행하는 작업을 추상화함

– ADO에서 다수의 클라이언트가 서버에 요청하면 서버 부담이 증가 하는것을 보완하여 DB에 연결되어있지 않아도 DB에 연결된 것처럼 비연결형을 추가로 지원하게 되는데, 비연결형이라고 전혀 연결이 안되는 것은 아니며 필요할 때만 연결되는 것임.
– 비연결형의 핵심은 바로 DataSet이며 작게는 1MB 크게는 100MB정도를 육박하는 DataSet 클래스는 빠른 속도로 엑세스는 가능하나, 기동속도가 느린 점이 단점임.

EJB(Enterprise Java Bean)에 대한 설명 중 가장 적절하지 <u>않은</u> 것은?

① 컴포넌트 기반의 개발 환경을 가진다.
② EJB는 서버규격으로서 J2EE를 포함한다.
③ 이식성이 우수하여 다른 JVM이나 다른 EJB서버에서도 잘 실행된다.
④ 트랜잭션,네트워킹,보안,자원관리 등의 작업을 EJB서버에서 제공한다.

● 해설 : ②번

J2EE가 EJB를 포함하는 개념임.

● 관련지식 •••

– 엔터프라이즈 자바빈즈(Enterprise JavaBeans; EJB)는 기업환경의 시스템을 구현하기 위한 서버측 컴포넌트 모델로, EJB는 애플리케이션의 업무 로직을 가지고 있는 서버 애플리케이션임.

– EJB 사양은 Java EE의 자바 API 중 하나로, 주로 웹 시스템에서 JSP는 화면 로직을 처리하고, EJB는 업무 로직을 처리하는 역할을 함.

다음 설명에 해당하는 DCOM의 기능은 무엇인가?

> 이 기능이 지원하지 않았을 때 외부 라이브러리를 사용하려면 헤더 파일과 라이브러리 파일을 가져와야 했다. 그러나 이 기능이 지원되면서부터 헤더파일도 필요 없고 링킹도 필요없게 되었다. 이 기능이 지원됨으로 인해 소프트웨어 통합이 쉬워졌을 뿐 아니라 플러그인 컴포넌트의 개발과 통합도 가능하게 되었다.

① 바이너리 호환성
② 연결관리
③ 인터페이스 저장소
④ 재사용

● 해설 : ①번

특정 바이너리 프로토콜에 의존하여 플랫폼간 상호호환성을 해결하지 못하는 문제를 해결하기 위해 DCOM은 바이너리 호환성을 제공하여 객체모델간 상호운영성을 제공함.

● 관련지식 ••

구분	내용
OMG's CORBA Model	다양한 엔터프라이즈 시스템의 상호운영성 문제 해결의 관점에서 출발 OMG의 표준 IDL, CCM 컴포넌트 모델, OMG의 CORBA 분산 컴퓨팅 기술 기반로 언어 및 플랫폼에 모두 독립적
MS's COM+/DCOM	데스크탑 응용들의 상호운영성 관점에서 출발 (OLE2.0) MS사의 COM 모델의 표준, MS사의 DCOM 분산 컴퓨팅 기술 기반 바이너리 수준의 상호 운영성 MS 플랫폼에 종속적
SUN's EJB/RMI	인터넷 응용들의 상호운영성 관점에서 출발 자바의 EJB 컴포넌트 모델, 자바 RMI 분산 컴퓨팅 기술 기반 자바 언어 기반의 표준 (언어 종속적), 플랫폼 독립적

XML 스키마의 내장 데이터 타입 중 그 설명이 틀린 것은?

① byte : -128에서 127까지의 숫자.
② nonNegativeInteger : 0 또는 0보다 큰 정수.
③ decimal : 임의의 정밀도를 가진 십진수
④ NCName : 네임스페이스에 속해 있음을 알려주는 접두어를 가진 모든 XML 엘리먼트들

● **해설 : ④번**

도메인명으로 가능한지에 대한 검토를 하는 자료형으로 NCName datatype은 (,콤마) 가 있으면 안되고 숫자로 시작하면 안되는 자료형으로 스페이스와 마침표는 허용함.

● **관련지식** ●●

• XML 스키마 데이터 타입

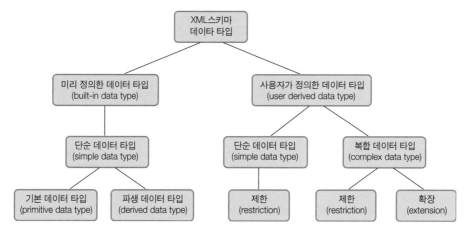

미리 정의된 데이터 타입- 기본 데이터 타입으로 19개의 내장 원시 데이터 타입, 문자열, 부호화된 이진, 숫자, 날짜/시간 데이터 타입으로 구성됨.

1) 문자열 데이터 타입

구분	내용
string	유효한 문자열
anyURI	표준인터넷 URI의 데이터 타입

구분	내용
NOTATION	외부의 비 XML 컨텐츠에 대한 링크를 선언
QName	"Namespace in XML"에 정의된 것에 적합한 QName 문자열

2) 부호화된 이진 데이터 타입

구분	내용
Boolean	True나 false 상태를 가지는 상태(flag) 값을 가진
hexBinary	일련의 16진수 숫자쌍으로 부호화된 이진 데이터 타입
Base64Binary	Base64로 부호화된 이진 데이터 타입

3) 숫자 데이터타입

구분	내용
decimal	십진수
double	8바이트 실수
float	4바이트 실수

4) 날짜/시간 데이터 타입

구분	내용
Duration	기간 표현
dateTime	날짜와 시간 표현, 날짜는 그레고리력 사용
Date	날짜 표현, yyyy-mm-dd 형태 표현
Time	시간 표현
gYearMonth	그레고리역의 년과 월표현, yyyy-mm 형태로 표현
gYear	그레고리역의 년표현
gMonthDay	그레고리역의 월과 일표현
gMonth	그레고리역의 월표현
gDay	그레고리역의 일표현

5) String 파생 데이터 타입

구분	내용
normalizedString	각각의 공백문자들이 하나의 스페이스 문자로 대치되어 있는 문자열
token	모든 공백문자가 단 하나의 스페이스들로 변환되어 있는 문자열 앞 뒤에 오는 스페이스가 모두 제거되며 연속되는 스페이스는 단 하나의 스페이스 문자로 대치
language	자연 언어 식별 문자열
Name	모든 적합한 XML 1.0 이름
NCName	NCName datatype은 (,콤마) 가 있으면 안되고 숫자로 시작하면 안되는 자료형으로 스페이스와 마침표는 허용함 언더바(_)가 있으면 안되며, 도메인명으로 가능한지에 대한 검토를 하는 자료형 예) 〈xsd:element name="PRODUCT_TITLE" type="xsd:NCName" /〉
ID	연관된 요소를 식별하는 고유값
IDREF	연관된 속성 값을 통한 다른 요소에 대한 참조
IDREFS	IDREF 값으로 구성된 목록
NMTOKEN	적합한 XML 이름 문자들로 구성되어 있는 문자열 XML 이름의 첫문자 제한은 적용되지 않음
NMTOKENS	NMTOKEN 값들로 구성된 목록
ENTITY	적합한 NCName이 되는 문자열. DTD에 선언된 파싱되지 않은 개체
ENTITIES	ENTITY 값들로 구성된 목록

6) decimal 파생 데이터 타입

구분	내용
integer	소수점이 허용되지 않는 정수
negativeInteger	음의 정수
positiveInteger	양의 정수
nonNegativeInteger	0과 양의 정수
nonPositiveInteger	0과 음의 정수
Byte	1바이트 정수

구분	내용
Short	2바이트 정수
int	4바이트 정수
long	8바이트 정수
unsignedByte	부호 없는 1바이트 정수
unsignedShort	부호 없는 2바이트 정수
unsignedInt	부호 없는 4바이트 정수
unsignedLong	부호 없는 8바이트 정수

시험출제 요약정리

1) IPv6 Protocol

- IPv6와 기존 IPv4 사이의 가장 큰 차이점은 바로 IP 주소의 길이가 128비트로 늘어났다는 점이며, 이는 폭발적으로 늘어나는 인터넷 사용에 대비하기 위한 것임.
  ① 풍부한 주소공간–32bits →128 bits
  ② Mobility – 이동환경에적용(Mobile IP)
  ③ Stateless Auto Configuration –Plug & Play 지원
  ④ Built in Security – 인증, 데이터무결성, 데이터 기밀성을 제공하기 위한 확장에더가 IPv6에는 명시됨 (IPV4는 별도 IPsec 프로토콜 추가)
  ⑤ 서비스차별화(Diff serv), 실시간멀티미디어처리방식및서비스질(QoS) 관리지원 (Flow 개념도입Flow Label 필드추가)
  ⑥ Multicast를 위한 Scope 필드 추가
  ⑦ Anycast 정의–Packet을 특정그룹의 한 노드에 전송가능(Unicast, Anycast, Multicast)
  ⑧ 일부 IPv4 헤더필드 삭제 또는 옵션화 – Packet 처리비용 절감과 IPv6 헤더의 대역폭 감소
  ⑨ IP헤더의 옵션추가 방법이 전송에 보다 효과적 – 옵션길이 제약이 적으며, 새로운 옵션 추가 유연
  ⑩ Media Flexibility
  ⑪ Multi–Homing
  ⑫ Neighbor Discovery
  ⑬ 차세대인터넷(NGI) 프로토콜지원

  1–1) IPv6헤드 구조

Version(4)	Traffic class(0)	FlowLabel(20)		
Payload Length(16)			Next Header(8)	Hop Limit(8)
Source address(128)				
Destination address(128)				

1-2) IPv6 주요 필드

Version	IPv6임을 식별
Traffic Class	QoS, 패킷 별 품질 제어에 사용
Flow Label	QoS, 패킷 별 품질 제어에 사용
Payload Length	Header를 제외한 사용자 데이터의 길이 표시
Hop Limit	패킷의 라우팅 중계 회수 제한

1-3) IPv6주소의 종류

중분류	소분류	기능
Uni-cast	Link Local	단일 세그먼트 내에서 사용(FE80:…)
	Global Unicast	인터넷 공인주소
	Unspecified	시스템 부팅 시 임시 주소(: :)
	Loop Back	루프 백 주소(: : 1) 또는 (0 : 1)
Any-cast		인터페이스들의 집합, 패킷은 가장 가까운 인터페이스에 전달
Multi-cast		인터페이스들의 집합, 패킷은 그룹 내 모든 인터페이스에 전달

2) IPv6 전환기술

2-1) 듀얼스택 (Dual Stack)
- IPv4/IPv6 듀얼스택은 IPv6 노드가 IPv4 전용 노드와 호환성을 유지하는 가장 쉬운 방법으로 IPv6/IPv4 듀얼스택 노드는 IPv4와 IPv6 패킷을 모두 주고 받을 수 있는 능력이 있어. IPv4 패킷을 사용하여 IPv4 노드와 직접 호환됨. 또한, IPv6 패킷을 사용하여 IPv6 노드와 직접 호환됨

2-2) 터널링 (Tunneling)
- 터널링은 IPv6/IPv4 호스트와 라우터에서 IPv6 데이터그램을 IPv4 패킷에 캡슐화하여 IPv4 라우팅 토폴로지 영역을 통해 전송하는 방법임. 터널링은 기존의 IPv4 라우팅 인프라를 활용하여 IPv6 트래픽을 전송하는 방법을 제공하며 IPv6-in-IPv4 터널링 방법은 크게 설정 터널링(configured tunneling) 방식과 자동 터널링(automatic tunneling) 방식으로 구분됨
- 설정 터널링 : 6Bone에서 주로 사용하는 방법으로 두 라우터 간(혹은 호스트 간)

의 IPv4 주소를 통해 수동으로 정적인 터널을 설정하는 방식
- 자동 터널링 : IPv4-호환 주소를 이용하여 수동 설정 없이 IPv4 구간을 통과할 때면 IPv4 호환 주소에 내포되어 있는 IPv4 주소를 통해 자동으로 터널링을 하여주는 방식

2-3) 변환 메커니즘(Translation) : IPv4 주소의 IPv6 형태
- 기존 네트워크와의 호환성을 위해, IPv4 주소는 다음과 같은 세 가지 방법을 통해 IPv6 주소로 나타낼 수 있음
- 표준 IPv6 표기 : IPv4 주소 192.0.2.52는 16진수로 표시하면 0xC0000234가 된다. 이를 그대로 IPv6 주소로 변경하면 0000:0000:0000:0000:0000:0000:C000:0234가 되고, 줄이면 ::C000:234
- IPv4 호환 주소 : IPv4와의 호환성과 가독성을 위해 기존 표기에 '::' 맘을 붙여 ::192.0.2.52와 같이 쓸 수 있으나 이 방법은 더 이상 사용되지 않아 폐기될 예정임
- IPv4 매핑 주소 : IPv6 프로그램에게 IPv4와의 호환성을 유지하기 위해 사용하는 다른 방법으로, 처음 80비트를 0으로 설정하고 다음 16비트를 1로 설정한 후, 나머지 32비트에 IPv4 주소를 기록하는 IPv4 매핑 주소가 존재
- 이 주소공간에서는 마지막 32비트를 10진수로 표기할 수 있으므로 192.0.2.52는 ::ffff:192.0.2.52와 같이 표현할 수 있음

3) SNMP (Simple Network management protocol)

NMS(Network Management System)에서 관리 프로토콜로 사용하는 프로토콜로 구현이 쉽고 간편해서 오늘날 가장 일반적인 Network관리 프로토콜이 되었음
SNMP기반의 TCP/IP 관리 모형
① Management Station : NMS(Network Management System) server
② Managed Agent : Management Station에 의해 관리되어 질 수 있는 장비
③ MIB(Management Information Base) : 계층적 구조로 traffic 정보를 저장하고 검색할 수 있도록 하는 object 의 모임으로 SNMP에서 관리하는 정보의 데이터 베이스
 - 관리되어야 할 객체는 시스템정보, 네트워크사용량, 네트워크인터페이스 정보 등
④ SNMP(Simple Network Management Protocol) : Management Station과 Agent의 traffic 정보를 검색하고 그 MIB설정을 바꿀 수 있는 표준 프로토콜

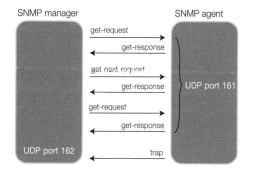

명령어	설명
GetRequest	변수의 값을 읽기 위하여 관리자(클라이언트)가 에이전트(서버)로 보내는 메시지
GetNextRequest	메시지에 정의된 ObjectID 바로 다음 객체의 값을 읽기 위하여 관리자가 에이전트로 보내는 메시지
GetBulkRequest	많은 양의 데이터를 읽기 위해 보내는 메시지
SetRequest	관리자가 변수에 값을 설정하기 위해 전송하는 메시지
GetResponse	GetRequest나 GetNextRequest에 대한 응답
Trap	에이전트 사건을 관리자에게 보고하기 위해 전송되는 메시지
Report	오류 유형을 보고하기 위해 사용
InformRequest	원격 관리자의 제어하에 있는 에이전트로부터 어떤 변수 값을 얻기 위해 한 관리자가 다른 원격 관리자에게 전송

4) Router Protocol

Routing이란 하나의 근원지에서 목적지로 internetwork를 통해 정보를 전달하는 과정 대비되는 말로는 Bridging이라는 용어가 있는 데 그 개념은 비슷하나 Routing은 OSI 7 Layer에서 Network Layer(3계층)에서 일어나는 것이고 Bridging은 Datalink Layer(2 계층)에서 일어난다는 것이 다른 점임.

4-1) Static vs Dynamic Routing

① 정적라우팅 : 관리자가 직접 라우팅 테이블에 해당 목적지 네트워크 경로를 설정
  - 보안상 정적 라우팅 선호
  - 다른 네트워크와 연결된 경로가 유일(하나: stub 네트워크)일때는 동적라우팅 실행 시 오버헤드 발생

② 동적라우팅:: 라우팅 프로토콜에 의해서 최적경로 설정 (자동으로 네트워크 변화 주고 받음)
  - 동적 라우팅은 인접 노드 간의 업데이트 정보를 주고 받으므로, 네트워크 연결형태가 변하면 자동으로 다른 최적경로를 찾아주며 우회경로를 가지는 경우 로드 밸런싱이 가능

4-2) Distance Vector vs LinkState

  - 최적의 Path를 결정하는 기준(Metric), Router간 교환Routing 정보 (Message), Routing Table의 생성, 변경정보의 전달방식 등에 따른 분류임.

거리벡터	링크상태
네트워크 토폴로지는 인접라우터에서 라우팅 테이블 정보를 받음.	다른 모든 라우터에서 LSA를 받아서 합치게 됨.
인접 라우터에서 받은 라우팅 정보를 바탕으로 라우터에서 라우터까지 거리벡터를 더함.	각가의 라우터가 LSA를 모아서 자체적으로 다른 라우터까지 최소 경로를 계산
주기적인 업데이트,수렴속도 느림	이벤트에 의해 변경이 일어나고 수렴속도가 빠름
인접 라우터에 라우팅 테이블을 복사	다른 라우터에 링크상태 변경 정보를 전송

5) Mobile IP

Mobile IP는 사용자가 네트워크 환경의 변경없이 다른 네트워크로 이동하여 시스템을 사용할 수 있도록 인터넷을 통해 mobile컴퓨팅을 지원하는 기술로 IETF 의 Working Group 에서 1992년에 제정하여 RFC2002를 통해 제안되었음.

- Mobile Node : 다른 네트워크로 이동하여 서비스를 받고자 하는 PC, Nodebook, PDA, PCS
- Home agent : Mobile node가 원래 속해 있던 네트워크의 라우터
- Foreign agent : Mobile node가 이동할 네트워크의 라우터
- Home address : Mobile node가 원래 속해 있던 네트워크에서 사용하고 있던 IP주소
- Care of address : Mobile node 가 다른 네트워크로 이동할 경우, Foreign agent로부터 받는 주소

5-1) Discovering the care-of address:
   - Home agent, Foreign agent는 Mobile node의 이동을 확인하기 위해 지속적으로 ICMP 메시지를 전송하게 되며, Mobile Node가 이동하여 이 메시지를 받게 되면 이를 통해 Care of address를 구하게 됨

5-2) Registering the care-of address
   - Mobile node가 care of address를 알게되면, 이를 Home agent에 알려주는 registration 과정을 거치게 되는데, Mobile node가 직접 할 수도 있으며, foreign agent을 통해 할 수도 있음.

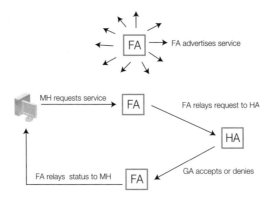

5-3) Tunneling to the care-of address.
 - Home agent가 Mobile node에게 메시지를 전송하기 위해 원래의 IP Header 앞에서 tunnel header를 덧붙여 Care of address까지 터널링하여 전송 후, foreign agent에서 Mobile node로 전송하게 됨

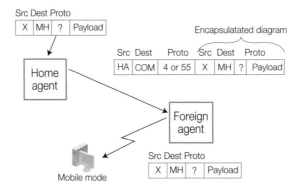

6) Mobile IPv6
 - Mobile IPv6 는 IPv6 에서 크게 수정된 프로토콜이 아니라, IPv6 의 기능들을 그대로 이용하면서 이동성을 제공하고자 하기 때문에 Mobile IPv4 보다 효과적으로 이동성을 지원할 수 있으며 탁월한 규모 확장성을 지원함.
 - Neighbor Discovery 와 Address autoconfiguration 기능을 이용하여 이동 단말이 이동하였을 때 자동으로 자신의 위치 정보를 구성할 수 있도록 하였으며, 자신의 변한 위치 정보를 필요한 노드들에게 알릴 수 있도록 destination option 을 추가함으로써, IPv4 에서는 존재해야만 했던 일부 시그널 메시지들과 에이전트를 제거하였음.
 - 경로 최적화를 위한 프로토콜이 기본 기능으로 제공되고 있음.

- Mobile IPv6 비교

Mobile IPv4	Mobile IPv6
Triangle 라우팅 문제	Route Optimization
FA 구축	Neighbor Discovery와 Address Auto-Config 이용
FA와의 복잡한 등록절차와 라우팅 필요	MN은 IP 헤더의 소스 주소에 CoA주소를 사용하여 Ingress Filtering 을 정상적으로 통과
라우터에서 MN으로 오는 패킷에 정 방향 확인만을 제공하여, 블랙홀 상태 존재	Mobile Discovery Mechanism 사용
패킷은 IP 캡슐화	IPv6 라우팅 헤더 사용 (상황에 따라서 선택)
ICMP 제한으로 인하여 터널 소프트 상태를 다루어야함	IPv6에서는 캡슐화 및 라우팅 헤더를 사용하여 터널 소프트 상태를 사용할 필요가 없음
모든 HA에게 브로드캐스트를 Dynamic Home Agent Discovery 사용하여 MN의 홈 링크 상에 있는 HA부터 개별응답을 반환	Mechanism 사용
모든 제어메시지에 대해 각각의 개별적인 UDP패킷이 필요	IPv6 Destination 옵션 사용

6-1) P MIPv6
- Proxy Mobile IP (PMIP 또는 Proxy Mobile IPv6)는 IETF에서 정의한 네트워크 프로토콜
- Proxy Mobile IP는 Mobile IP와 유사하게 동작하지만 단말에게 이동성에 대한 어떠한 처리도 요구하지 않는다는 차이점이 있음
- Proxy Mobile IP와 같이 단말의 이동과 관련하여 단말에게 어떠한 특별한 동작을 요구하지 않는 기법을 통칭하여 망 기반 이동성 관리(network-based mobility management)라고 하며 Proxy Mobile IP를 사용할 경우, 단말의 TCP/IP 프로토콜 스택에는 어떠한 수정도 가해지지 않으며 단말은 자신의 IP 주소를 바꾸지 않고 접속 위치를 변경할 수 있음

6-2) HMIPv6 (Hierarchical Mobile IPv6)
- Mobile IPv6에서는 MN이 위치를 옮길 때 마다 BU 메시지를 HA와 CN에게 보내야 하며 다수의 MN이 동시에 시그널링 메시지를 보내는 경우나, 매번의 핸드오프시 발생하는 시그널링 메시지로 인한 지연을 제거해준다면 보다 향상된 성능의 mobile IPv6를 기대할 수 있음
- 이러한 문제점을 효과적으로 해결하기 위하여 HMIPv6에서는 MAP (Mobility

Anchor Point) 라는 새로운 노드가 사용됨
- MAP은 AR을 관장하는 상위 계층에 위치하면서 자신의 *local domain* 내의 시그
널링을 처리하므로 외부로 전달되어야 하는 시그널링 메시지의 수를 줄여주는 역
할을 수행함

6-3) *FMIPv6 (Fast Handovers for Mobile IPv6)*
- *FMIPv6* 기술은 *PAR (Previous AR)* 에 속해있는 상태에서 *NAR (New AR)* 로
의 핸드오프 가능성을 사전에 예측하여 *NCoA (New CoA)* 를 미리 구성한 후 터널
링 기법을 이용하여 핸드오프 직후 손실 없이 패킷을 이어서 받는 기법

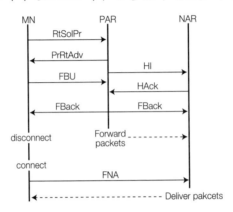

7) *TCP/UDP* 비교

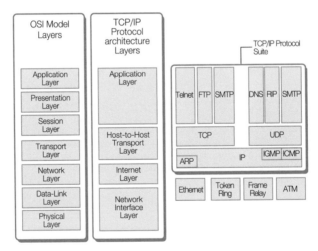

비교항목	TCP	UDP
데이터 순서	순서 유지함	순서 유지하지 않음
데이터 중복	데이터 중복, 손실없음	데이터 중복, 손실가능

비교항목	TCP	UDP
에러제어	헤더 및 데이터에 대한 에러 검사 후 에러시 재전송	헤더 및 데이터에 대한 에러검사 후 에러시 재전송하지 않음
흐름제어	슬라이딩 윈도우 사용	흐름제어 없음

8) Streaming Protocol

8-1) RTP/RTCP(RTP Control Protocol)
- 전송 계층의 TCP(비실시간성, 신뢰성)와 UDP(실시간, 비신뢰성)만으로는 실시간, 신뢰성 있는 통신 구현이 안되므로 UDP로 Data를 전송하며 그 상위 계층에서 RTP와 RTCP가 동작하여 신뢰성을 보장하도록 함
- RTP: Real Time Protocol로 실제 Data를 전달함
- RTCP: RTP에 대한 응답을 보내주는 Protocol, data전송을 감시하고, 세션 관련 정보를 전송하는데 관련함

8-2) RSVP(Resource reservation Protocol)
- 통합서비스모델에서 응용서비스의 flowspec에 따라 네트워크에서 자원을 예약하기 위한 절차를 규정한 프로토콜
- IP멀티캐스트 서비스를 주 대상으로 만들었기 때문에 단 방향모드로 동작하고 수신자 측에서 자원에 대한 자원 할당을 수행

9) ICMP 주요 메시지의 분류

구분	메시지	설명
에러메세지	Destination Unreacheable	도달할 수 없는 목적지에 계속하여 패킷을 보내지 않도록 송신측에 주의를 주는 역할
	Source Quench	폭주가 발생한 상황을 송신측에 알려서 송신측이 전송을 잠시 중단하거나 전송률을 줄이는 등의 조치를 취하도록 알리는 역할
	Redirection	송신측으로부터 패킷을 수신 받은 라우터가 특정 목적지로 가는 더 짧은 경로가 있음을 알리고자할 때 사용
	Time Exceeded	Time to Live Exceeded in Transit Fragment Reassembly Time Exceeded
질의메세지	Echo Request and reply	Ping 명령어는 이 두 개를 조합하여 활용

구분	메시지	설명
질의메세지	Neighbor Discovery Message	Neighber Solicitation message: 동일 링크 상에 있는 다른 호스트의 링크 주소 정보 제공 Neighber advertisement message: solicitation message에 응답하여 보내지는 Message
	Address Mask Request and Reply	디스크가 없는 diskless시스템이 부팅할 때 자신의 서브넷마스크를 얻기 위해서 사용

ICMPv4와는 달리 기존의 ICMP 기능에다가 IGMP기능, ARP기능을 모두 포괄하고 있음.

10) 인터넷 프로토콜

RARP는 물리주소로 IP 주소를 찾는 프로토콜이고 HDLC는 데이터링크 계층의 통신 프로토콜임.

구분	내용
RARP	RARP는 자료를 전송하려 하는 상대방 혹은 자신의 하드웨어주소인 MAC Address를 알고 IP를 모를 경우 사용하는 프로토콜임 48비트 MAC 주소로부터 그 장비의 32비트 IP 주소를 알아내는 프로토콜이며 역으로 IP로 MAC 주소를 찾는 프로토콜이 ARP
BOOTP	하드 디스크가 없는 장치의 설정정보를 자동으로 할당,관리하기 위해 개발된 통신규약으로 TCP/IP 환경의 클라이언트/서버 시스템에서 디스크를 갖지 않는 클라이언트가 시스템의 기동(boot)에 필요한 컴퓨터IP주소, 컴퓨터 서브넷마스크, 라우터IP주소, 네임서버IP주소를 서버로부터 자동적으로 받는 규약임. 클라이언트가 자신의 IP 주소를 모르는 경우 RARP를 통해 IP를 찾아냄
DHCP	동적호스트 구성 프로토콜은 IP 주소를 동적으로 배포할 서버 및 클라이언트 구성정보를 정의하는 표준프로토콜로 DHCP 서버는 IP주소,서브넷마스크,기본게이트웨이 정보를 클라이언트에 제공
HDLC	비트중심 프로토콜(문자중심 프로토콜에 비해 더 많은 정보를 고속 전송)의 대표적 통신 프로토콜로 HDLC는 시작플래그, 주소필드, 제어필드, 정보필드, 프레임오류검사필드, 프레임 종료 플래그로 구성된 프레임으로 구성

기출문제 풀이

2004년 82번

IPv6에 대한 설명 중 틀린 것은?

① 128bit 주소 체계를 사용함으로써 32bit 체계의 IPv4에서 발생하는 주소부족 현상을 해소시킨다.
② 헤더의 길이를 용도에 따라 가변할 수 있도록 해서 기존의 IPv4보다 확장성을 증가시켰다.
③ IPv4에서 따로 적용해야 했던 IPSec을 built-in해서 네트워크의 보안성을 증가시켰다.
④ Auto-configuration방식을 사용함으로써 유저에게 사용상의 편의를 제공한다.

● 해설 : ②번

IPv6의 IP Header는 불필요한 필드의 제거를 통해 40Byte로 기본 헤더의 길이를 고정하여, HW 기반의 패킷 포워딩 구현이 용이함.

● 관련지식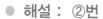

• IPv6헤드 구조

Version(4)	Traffic class(8)	FlowLabel(20)		
Payload Length(16)			Next Header(8)	Hop Limit(8)
Source address(128)				
Destination address(128)				

• IPv6 주요 필드

Version	IPv6임을 식별
Traffic Class	QoS, 패킷 별 품질 제어에 사용
Flow Label	QoS, 패킷 별 품질 제어에 사용
Payload Length	Header를 제외한 사용자 데이터의 길이 표시
Hop Limit	패킷의 라우팅 중계 회수 제한

• IPv6주소의 종류

중분류	소분류	기능
Uni-cast	Link Local	단일 세그먼트 내에서 사용(FE80:…)
	Global Unicast	인터넷 공인주소
Any-cast		인터페이스들의 집합. 패킷은 가장 가까운 인터페이스에 전달
Mult-cast		인터페이스들의 집합. 패킷은 그룹 내 모든 인터페이스에 전달

Mobile IP에 대한 설명 중 <u>틀린 것은?</u>

① Mobile IP를 지원하는 Home Agent와 Foreign Agent가 필요하다.
② 모바일노드가 Home Area를 벗어날 경우 Home Agent로의 등록이 필요하다.
③ 모바일노드가 Home Area를 벗어날 경우 IP주소를 Foreign Agent에서 받은 주소로 대체한다.
④ 모바일 노드로의 메시지 전송은 Home Agent와 Foreign Agent사이의 tunneling을 통해 이루어진다.

● 해설 : ③번

모바일 노드는 Home Area를 벗어나더라도 원래의 IP주소를 그대로 유지하며 Foreign Agent에서 CoA(Care of Address)로 매핑 IP를 관리함.

● 관련지식 ••

• Mobile IP
  – 모바일 단말의 위치 이동과 관계 없이 통신 대상 단말과의 커뮤니케이션을 가능하게 하는 네트워크 기술

구분	내용
Mobile Node	자신의 IP주소를 바꾸지 않고 접속점을 바꾸는 이동 호스트
Home Agent	MN의 홈네트워크에 존재하는 라우터 현재위치정보를 유지하고 Home을 떠나있는 MN으로 패킷을 터널링 방식으로 전달
Foreign Agent	MN의 방문 네트웍(visited Network)에 존재하는 라우터
Care-of-Address	MN의 접속점을 의미. HA에 의해 터널링되는 패킷의 목적지

무선 인터넷 프로토콜인 WAP(Wireless Application Protocol)에 대한 설명 중 틀린 것은?

① 전송 효율에 중점을 둔 프로토콜이다.
② TLS/SSL을 통하여 end-to-end 보안을 보장한다.
③ WAP 게이트웨이를 통한 프로토콜 변환 과정을 필요로 한다.
④ HTTP는 ASCII code를 전송하는 반면, WAP은 Byte code를 전송한다.

● 해설 : ②번

TLS/SSL을 통하여 WAP Gateway 에서 정보가 노출됨.

● 관련지식 ●●

- WAP(Wiress Application Protocol)
  – 기존의 인터넷 환경을 그대로 수용하면서 무선환경에 맞추어 최적화된 통신 프로토콜

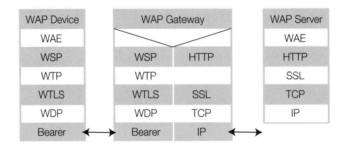

전송계층(transport layer)의 프로토콜인 UDP(User Datagram Protocol)에 대한 설명 중 틀린 것은?

① 비연결형(Connectionless) 서비스를 제공한다.
② 방송 등 멀티미디어 스트림 데이터에 많이 사용된다.
③ 체크섬(checksum)방식의 간단한 에러검사만을 제공한다.
④ 흐름제어 기능을 제공하여 수신 데이터는 송신 순서와 동일하다.

● 해설 : ④번

흐름제어 기능은 TCP에서 제공되는 기능임.

● 관련지식 ••

• TCP/UDP 비교

비교항목	TCP	UDP
데이터 순서	순서 유지함	순서 유지하지 않음
데이터 중복	데이터 중복, 손실없음	데이터 중복, 손실가능
에러제어	헤더 및 데이터에 대한 에러 검사 후 에러시 재전송	헤더 및 데이터에 대한 에러검사 후 에러시 재전송하지 않음
흐름제어	슬라이딩 윈도우 사용	흐름제어 없음

TCP/IP 프로토콜 집합을 4계층(응용, 수송, 네트워크, 링크)으로 나눌 때, 다음 중 같은 계층에 속하지 않은 프로토콜은?

① FTP(File Transfer Protocol)
② ICMP(Internet Control Message Protocol)
③ SMTP(Simple Mail Transfer Protocol)
④ Rlogin

● 해설 : ②번

　①, ③, ④는 어플리케이션 계층에서 동작하는 어플리케이션이고 ICMP는 네트워크 계층에서 동작하는 프로토콜임.

● 관련지식 ●●

　• TCP/IP 4계층

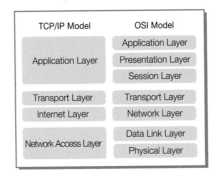

TCP/IP Model	OSI Model
Application Layer	Application Layer
	Presentation Layer
	Session Layer
Transport Layer	Transport Layer
Internet Layer	Network Layer
Network Access Layer	Data Link Layer
	Physical Layer

다음 중 QoS(Quality of Service)를 지원하기위한 프로토콜과 관련이 없는 것은?

① RSVP(Resource ReSerVation Protocol)
② Multiprotocol Label Switching
③ RTCP(RTP Control Protocol)
④ IGMP(Internet Group Management Protocol)

● 해설 : ④번

IGMP는 인터넷 컴퓨터가 멀티캐스트 그룹을 인근의 라우터들에게 알리는 수단을 제공하는 인터넷 프로토콜임.

● 관련지식 •••

• Qos(Quality of Service)
 – 다양한 통신/응용 서비스에 대해 서비스의 품질과 성능을 보장하여 사용자 요구를 충족시키는 기술
 – 네트워크의 대역폭, 처리율, 지연율, 손실율 등을 관리하는 기술

• Qos 보장 기술

1) MPLS(multiprotocol Label Switcing)
 – 4 byte의 고정 크기 Label을 활용하여 패킷을 라우팅함으로써 라우팅의 H/W적인 구현을 가능하게 하여 Qos를 보장하는 고속 네트워킹을 실현하는 통신 프로토콜

2) RTP/RTCP(RTP Control Protocol)
 – 전송 계층의 TCP(비실시간성, 신뢰성)과 UDP(실시간, 비신뢰성)만으로는 실시간, 신뢰성 있는 통신 구현이 안되므로 UDP로 Data를 전송하며 그 상위 계층에서 RTP와 RTCP가 동작하여 신뢰성을 보장하도록 함.
 – RTP : Real Time Protocol로 실제 Data를 전달함.
 – RTCP : RTP에 대한 응답을 보내주는 Protocol, data전송을 감시하고, 세션 관련 정보를 전송하는데 관련함.

3) RSVP(Resource reservation Protocol)
- 통합서비스모델에서 응용서비스의 flowspec에 따라 네트워크에서 자원을 예약하기 위한 절차를 규정한 프로토콜
- IP멀티캐스트 서비스를 주 대상으로 만들었기 때문에 단 방향모드로 동작하고 수신자 측에서 자원에 대한 자원 할당을 수행

다음 모바일IP(Mobile IP)에 대한 설명 중 틀린 것은?

① 모바일 IP의 동작은 네트워크 발견, 주소등록, COA(Care Of Address) 획득, 데이터 전송의 순으로 이루어진다.
② 모바일 IP의 핵심 기술은 터널링 기술이며, 외부 에이전트 COA 방식의 경우 터널링이 없는 경우 통신이 불가능하다.
③ 모바일 노드는 외부 네트워크로 이동하는 경우 현재 위치를 파악하여 홈 에이전트에게 등록하는 과정이 반드시 필요하다.
④ 모바일 노드와 홈에이전트 사이의 보안은 RFC1321에서 지정한 MD5(Message digest)를 사용한다.

● **해설 :** ①번

● **관련지식** ●

- **Mobile IP란**
  - 모바일 단말의 위치 이동과 관계 없이 통신 대상 단말과의 커뮤니케이션을 가능하게 하는 네트워크 기술

- **바인딩 캐쉬**
  - 삼각 경로 설정 문제점의 해결방안으로 매핑 데이터를 보관/공유하는 방법

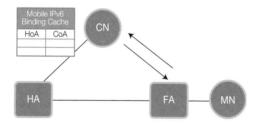

IPv4에서 IPv6로 전이하기 위한 기술적 방법론 중 임의의 호스트에서 IPv4와 IPv6의 기능을 모두 수용하여 목적지 호스트의 형태(IPv4 또는 IPv6 호스트)에 따라 해당 프로토콜을 이용하는 방법은 무엇인가?

① 헤더변환　　② 터널링
③ 듀얼스택　　④ 게이트웨이 변환

● 해설 : ③번

● 관련지식 ···

　• IPv6전환 전략

구분	내용	
듀얼 스택	- IP 계층에 IPV4와 IPV6 와 기능 모두 설치 - IPV4/IPV6 의 라우터에 장착 - 단점) 프로토콜 스택 수정으로 인한 과다한 비용	Application TCP/UDP IPv4 / IPv6 Driver IPv4 — — IPv6
터널링	- IPV6헤더의 캡슐화로 실제로 IPV4인 터넷 환경상에서 IPV6 패킷을 전달 DTI(Dynamic Tunnel Interface) - IPv6 노드간에 IPv6 패킷을 IPv4 패킷 속에 포함시켜 IPv4 망상으로 전달 - 단점) 구현이 어려우며, 복잡한 동작과정	IPv4 IPv6 — Tunnel — IPv6
Gataway 방식	- 구현이 용이: 변환방식이 투명, 변환절차 간단 - IPV4/IPV6 호스트의 프로토콜 스택에 대한 수정이 필요 없음 - IPV4/IPV6 의 라우터에 장착 - 최종단 라우터에서 IPv6를 IPv4로 변환(매핑)	IPv6 — Translation — IPv6

IPv4에서 IPv6로 발전함에 따라 IPv4환경에서 존재하는 여러 프로토콜들과 기존 ICMP(Internet Control Message Protocol)의 기능이 통합/조정되어 ICMPv6로 개편되었다. 다음 중 ICMPv6에 새로이 추가된 메시지형태는 무엇인가?

① Echo Request and Reply
② Time Exceeded
③ Neighbor Solicitation and Advertisement
④ Redirection

● 해설 : ③번

Neighbor Solicitation and Advertisement : 동일 링크 상에 있는 다른 호스트의 링크 주소 정보 제공받기 위해 사용되는 메시지

● 관련지식 ●●

• ICMP 주요 메시지의 분류

구분	메시지	설명
에러 메세지	Destination Unreacheable	도달할 수 없는 목적지에 계속하여 패킷을 보내지 않도록 송신측에 주의를 주는 역할
	Source Quench	폭주가 발생한 상황을 송신측에 알려서 송신측이 전송을 잠시 중단하거나 전송률을 줄이는 등의 조치를 취하도록 알리는 역할
	Redirection	송신측으로부터 패킷을 수신 받은 라우터가 특정 목적지로 가는 더 짧은 경로가 있음을 알리고자할 때 사용
	Time Exceeded	Time to Live Exceeded in Transit Fragment Reassembly Time Exceeded
질의 메세지	Echo Request and reply	Ping 명령어는 이 두 개를 조합하여 활용
	Neighbor Discovery Message	Neighber Solicitation message : 동일 링크 상에 있는 다른 호스트의 링크 주소 정보 제공 Neighber advertisement message : solicitation message에 응답하어 보내지는 Message
	Address Mask Request and Replly	디스크가 없는 diskless시스템이 부팅할 때 자신의 서브넷마스크를 얻기 위해서 사용

다음 프로토콜 중에서 RIP(Routing Information Protocol)를 기반으로 만들어진 것은?

① MOSPF(Multicast Open Shortest Path First)
② DVMRP(Distance Vector Multicast Routing Protocol)
③ PIM(Protocol Independent Multicast)
④ CBT(Core-Based Tree) Protocol

● 해설 : ②번

DVMRP은 최초로 개발된 송신자 기반의 멀티캐스트 라우팅 프로토콜로써, 유니캐스트 라우팅에서 사용되는 거리 벡터 라우팅 프로토콜의 확장본으로 Mbone 시험망에서 사용된바 있음.

● 관련지식 •••

• RIP(Routing Information Protocol)
Distance Vector Algorithm에 기초하여 버클리대에서 개발한 Routing Protocol로써, IGP(Interior Gateway Protocol)용이며 과거에 널리 사용된 바 있으나 최근에는 소규모 또는 교육용 외에는 별로 사용되지 않음.

• RIP(Routing Information Protocol)의 특징과 문제점

구분	내용
특징	- 라우팅 매트릭으로 Hop Count 만 사용 - 최대 홉 수의 제한 - 사용 포트로는 RIP는 UDP를 사용 - Class에 의한 Routing 수행(Classful Routing) - 정상 상태에서 매 30초마다 전체 라우팅 정보를 브로드캐스팅
문제점	- 경로재계산으로 인한 Network Traffic 부하 발생 - 잘못된 경로로 인한 무한 루프 발생 가능성 존재

• 동적 라우팅 프로토콜의 종류

구분	설명	프로토콜
Distance Vector Protocol	거리와 방향에 중점을 두고 경로 설정	RIP, IGRP
Link State Protocol	전체 네트워크의 위상(Topology)정보를 이용하여 경로 설정	OSPF

인터넷 아키텍처에서 트랜스포트 계층에 새로이 추가된 SCTP(Stream Control Transport Protocol) 서비스로 볼 수 없는 것은?

① Process-to-Process 전송
② 다중 스트림 통신
③ Multihoming 서비스
④ 비연결형 서비스

● 해설 : ④번

　SCTP는 연결 지향 서비스 임.

● 관련지식 ••

• SCTP(Stream Control Transmission Protocol)
　- UDP의 메시지 지향(message-oriented)특성과 TCP의 연결형(connection-oriented) 및 신뢰성(reliablility)특성을 조합한 프로토콜
　- 2000년 10월 IETF에서 RFC 2960을 통해 표준화한, TCP 및 UDP에 이은 제 3의 차세대 전 달계층용 프로토콜

• SCTP(Stream Control Transmission Protocol)의 서비스

구분	내용
다중 스트림 통신	하나의 SCTP Association에 여러 개의 Stream을 가지는 기능
(Multi-Streaming)	각 Stream번호마다 Stream 순서번호(SSN:Stream Sequence Number)가 있어 Stream 의 순서를 유지하여 해당 Stream으로 전송되는 데이터를 관리
Multi-Homing	SCTP Association을 맺고자 하는 endpoint들이 Multi Ethernet의 각각에 IP가 할당된 Multi Homed인 경우에 Association이 성립되는 Multi-homed endpoint들에게 하나의 Association에서 각 IP주소에 해당하는 데이터 전송 경로를 가짐

인터넷 표준 관리 프로토콜인 SNMPv3(Simple Network Management Protocol)는 네트워크 구성요소들을 관리하기 위하여 8가지의 패킷 형태를 정의하고 있다. 이들 중에서 관리자가 또다른 관리자에게 특정 관리정보를 요청하는 패킷의 형태는 무엇인가?

① GetNextRequest   ② GetBulkReques   ③ InformRequest   ④ SetRequest

● 해설 : ③번

    InformRequest와 Report는 관리자 간 송수신 패킷임.

● 관련지식 ●●

• SNMP 명령어 체계

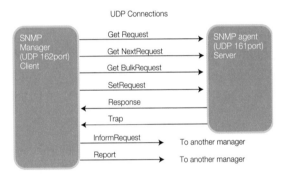

구분	내용
GetRequest	변수의 값을 읽기 위하여 관리자(클라이언트)가 에이전트(서버)로 보내는 메시지
GetNextRequest	메시지에 정의된 ObjectID 바로 다음 객체 의 값을 읽기 위하여 관리자가 에이전트로 보내는 메시지
GetBulkRequest	많은 양의 데이터를 읽기 위해 보내는 메시지
SetRequest	관리자가 변수에 값을 설정하기 위해 전송하는 메시지
GetResponse	GetRequest나 GetNextRequest에 대한 응답
Trap	에이전트 사건을 관리자에게 보고하기 위해 전송되는 메시지
Report	오류 유형을 보고하기 위해 사용
InformRequest	원격 관리자의 제어하에 있는 에이전트로부터 어떤 변수 값을 얻기 위해 한 관리자가 다른 원격 관리자에게 전송

2009년 76번

IPv6는 32비트 주소 체계의 IPv4 주소를 128비트 주소체계로 확장함으로써 주소 고갈 문제를 해결할 수 있다. IPv6의 장점에 해당하지 <u>않는 것은?</u>

① 글로벌한 도달 가능성(Global Reachability)과 넓어진 주소 공간
② 효율적인 패킷 처리를 위해 더 많은 기능이 추가된 헤더 포맷(Header Format)
③ 효율적인 라우팅을 위한 계층적 네트워크 구조
④ 자동설정(Auto Configuration) 및 플로그 앤 플래이(Plug and play)

● 해설 : ②번

IPv6의 IP Header는 불필요한 필드의 제거를 통해 40Byte로 기본 헤더의 길이를 고정하여, H/W 기반의 패킷 포워딩 구현이 용이함.

● 관련지식 ••

• IPv6헤드 구조

Version(4)	Traffic class(8)	FlowLabel(20)		
Payload Length(16)			Next Header(8)	Hop Limit(8)
Source address(128)				
Destination address(128)				

• IPv6주소의 종류

Uni-cast	Link Local	단일 세그먼트 내에서 사용(FE80:…)
	Global Unicast	인터넷 공인주소
Any-cast		인터페이스들의 집합, 패킷은 가장 가까운 인터페이스에 전달
Mult-cast		인터페이스들의 집합, 패킷은 그룹 내 모든 인터페이스에 전달

다음 중에서 인터넷 주소를 변환 또는 할당하는 프로토콜이 <u>아닌 것은?</u>

① RARP(Reverse Address Resolution Protocol)
② BOOTP(Bootstrap Protocol)
③ DHCP(Dynamic Host Configuration Protocol)
④ HDLC(High level Data Link Control Protocol)

● 해설 : ①, ④번

● 관련지식 ••

• 인터넷 프로토콜
  – RARP는 물리주소로 IP 주소를 찾는 프로토콜이고 HDLC는 데이터링크 계층의 통신 프로토콜임.

구분	내용
RARP	– RARP는 자료를 전송하려 하는 상대방 혹은 자신의 하드웨어주소인 MAC Address를 알고 IP를 모를 경우 사용하는 프로토콜임 – 48비트 MAC 주소로부터 그 장비의 32비트 IP 주소를 알아내는 프로토콜이며 역으로 IP로 MAC 주소를 찾는 프로토콜이 ARP
BOOTP	– 하드 디스크가 없는 장치의 설정정보를 자동으로 할당,관리하기 위해 개발된 통신규약으로 TCP/IP 환경의 클라이언트/서버 시스템에서 디스크를 갖지 않는 클라이언트가 시스템의 기동(boot)에 필요한 컴퓨테IP주소,컴퓨터 서브넷마스크,라우테IP주소,네임서버IP주소를 서버로부터 자동적으로 받는 규약임. 클라이언트가 자신의 IP 주소를 모르는 경우 RARP를 통해 IP를 찾아냄
DHCP	– 동적호스트 구성 프로토콜은 IP 주소를 동적으로 배포할 서버 및 클라이언트 구성정보를 정의하는 표준프로토콜로 DHCP 서버는 IP주소,서브넷마스크,기본게이트웨이 정보를 클라이언트에 제공
HDLC	– 비트중심 프로토콜(문자중심 프로토콜에 비해 더 많은 정보를 고속 전송)의 대표적 통신 프로토콜로 HDLC는 시작플래그,주소필드,제어필드,정보필드,프레임오류검사필드,프레임 종료 플래그로 구성된 프레임으로 구성

다음 중 1000Base–T에서 사용하는 회선코딩(Line Coding)방법으로 가장 적절한 것은?

① 2B1Q
② 4D–PAM5
③ NRZ–L
④ Manchester
⑤ Differential Manchester

● 해설 : ②번

　Giga-bit LAN의 경우 회선코딩 방식으로 4D-PAM5를 사용함.

● 관련지식 ●●

　라인코딩 스키마(Line Coding Schemes)는 5가지 형태로 분류됨.

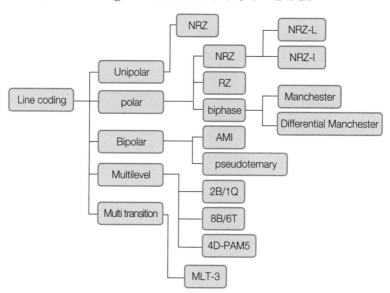

　이중 Multilevel 방식 중 4 dimensional 5 level pulse amplitude modulation (4D-ΓAM5)은
　　- 5 가지 레벨의 신호 사용 (-2, -1, 0, 1, 2 : 0 은 오류검출로 사용)
　　- 4 wire 로 동시 전송
　　- 4가지의 signal element 패턴으로 8bit의 정보 표현
　　- Gigabit LAN 의 전송기술로서 활용됨

2010년 78번

모바일 IPv4에서는 지원하지 않고 모바일 IPv6에서만 지원하는 새로운 기능으로 가장 적절할 것 두 개는?

① Agent Advertisement
② Router Advertisement
③ Router Solicitation
④ Stateless Address Auto-configuration
⑤ Neighbor Discovery

● 해설 : ④, ⑤번

모바일 IPv6에서는 Neighbor Discovery 와 Address auto-configuration 기능을 이용하여 이동 단말이 이동하였을 때 자동으로 자신의 위치 정보 구성을 지원함.

● 관련지식 •••

– Mobile IPv6는 Mobile IPv4 보다 효과적으로 이동성을 지원할 수 있으며 탁월한 규모 확장성을 지니고 있음.
– 특히 Neighbor Discovery 와 Address auto-configuration 기능을 이용하여 이동 단말이 이동하였을 때 자동으로 자신의 위치 정보를 구성할 수 있도록 하였으며, 이동한 위치정보를 필요한 노드들에게 알릴 수 있도록 destination option 을 추가함으로써, IPv4 에서는 존재해야만 했던 일부 시그널 메시지들과 에이전트를 제거하였음.
– 또한 경로 최적화를 위한 프로토콜이 기본 기능으로 제공되고 있음.

• Mobile IPv6 에서 새롭게 정의된 옵션 및 메시지

구분	내용
Binding Update (BU)	– 이동 노드가 홈 에이전트와 CN 에게 자신의 COA 를 알리기 위해서 사용
Binding Acknowledgement (BA)	– HA 는 이동 노드에게 BU 에 대한 응답으로 BA 전송
Binding Request (BR)	– CN 이 이동 노드에게 바인딩 업데이트를 요구할 때 전송. 이동 노드는 바인딩 정보의 life time 이 종료하기 전에 새로운 BU 를 전송해야 하는데, 활발히 데이터를 주고 받는 CN 이 타이머가 거의 종료하려 할 때까지 이동 노드로부터 BU 를 받지 못한 경우에 이동 노드로 BR 을 보내 BU 를 요구

구분	내용
Home Address Option	− 이동 노드는 외부 망에서 CN 과 통신할 때 데이터그램의 근원지 주소로 자신의 COA를 사용하며 Home Address 옵션에 자신의 홈 주소를 넣어서 이 데이터그램을 수신한 CN 측에서 근원지 주소와 Home Address 옵션내의 주소를 교체함으로써 TCP 연결과 같이 address와 port pair 로 connection 을 구별하는 상위 계층의 연결을 유지할 수 있을 뿐만 아니라 방화벽과 같은 ingress filtering 이 구현된 망도 무리 없이 통과할 수 있음 − IPv6 에서 이동 노드가 외부 망으로 이동해 있는 동안 홈 망이 재구성되어 홈 에이전트가 바뀌는 경우 이동 노드가 동적으로 홈 에이전트 주소를 알아내기 위해 사용하는 두개의 ICMPv6 메시지를 정의함
Home Agent Address Discovery Request	− 이동 노드가 Mobile IPv6 Home−Agents anycast 주소를 목적지 주소로 설정하여 위 ICMP메시지를 전송하면, 홈 망에서 홈 에이전트 기능을 수행하는 라우터 중 하나가 수신함
Home Agent Address Discovery Reply	− Home Agent Address Discovery Request 를 받은 홈 에이전트는 Home Agent Address Discovery Reply 메시지에 홈 망에서 홈 에이전트 역할을 수행하는 모든 라우터들의 정보를 담아 응답함. 홈 망에 있는 모든 홈 에이전트들은 각 홈 에이전트들이 주기적으로 전송하는 Router Advertisement 메시지를 통해 홈 에이전트 리스트를 만들어 유지할 수 있음

ICMP의 특징 중 가장 적절한 것들을 고른 것은?

> 가. ICMP는 최초 발신지에 오류 메시지를 보고한다.
> 나. ICMP 오류 메시지는 첫 번째 단편을 제외한 다른 데이터그램을 위해 생성되지 않는다.
> 다. Source Quench 메시지는 라우터나 호스트가 혼잡으로 데이터그램을 버리게 될 때 메시지를 송신한다.
> 라. ICMP 오류 메시지는 유니캐스트, 멀티캐스트, 브로드캐스트에 오류가 생겼을 때 생성된다.

① 가, 나
② 나, 다
③ 가, 라
④ 가, 나, 다
⑤ 나, 다, 라

● 해설 : ④번

목적지 도달불가, 시간초과, 매개변수 문제 등이 발생될 때 ICMP 오류메세지가 생성됨.

● 관련지식 •••

구분	내용
인터넷 프로토콜의 취약점	IP는 오류 보고와 오류 정정 메커니즘이 없음 IP는 호스트와 관리 질의를 위한 메커니즘이 부족
ICMP(Internet Control Message Protocol)	인터넷 제어 메시지 프로토콜 IP의 약점을 보완 IP 데이터그램으로 캡슐화

1) ICMP 캡슐화

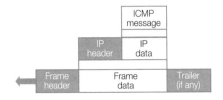

2) ICMP 메시지 유형

오류 보고 메시지(error reporting) : ICMP는 항상 최초 발신지에 오류 메시지를 보고하며 ICMP는 오류를 수정하지 않고, 단지 보고만 수행함.

구분	내용
목적지 도달 불가 (destination unreachable)	라우터가 데이터그램을 경로로 내보낼 수 없거나 호스트가 데이터그램을 전달할 수 없을때, 데이터그램은 폐기되고 발신지 호스트에 목적지 도달 불가 메시지 전달
발신지 억제 (source quench)	IP에 일종의 흐름 제어나 혼잡 제어를 추가하기 위해 고안, 경로상의 혼잡을 근원지에 경고, 발신지에 송신 속도를 낮추도록 경고, IP에는 흐름(flow) 제어나 혼잡 (congestion) 제어 방법이 없음
시간 초과 (time exceeded)	TTL 필드 값이 0인 경우 발생, 메시지를 구성하는 모든 단편화된 조각들이 정해진 특정 시간 내에 목적지에 도착하지 못하였을 경우 발생
매개변수 문제 (parameter problem)	데이터그램의 필드에서 모호한 값이나 빠진 것을 발견하게 되는 경우 발생
재지정(redirection)	데이터그램을 잘못된 라우터로 보낼때 라우팅 테이블을 갱신하기 위한 방법

3) 질의 메시지(query) : 네트워크의 문제를 진단함

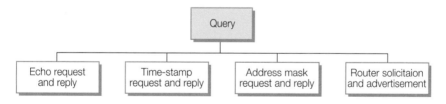

구분	내용
반향 요청 및 응답 (echo request and reply)	네트워크 진단을 목적으로 고안, 이 메시지 쌍의 조합은 두 시스템(호스트들과 라우터들)이 서로간에 통신할 수 있는지를 결정하는데 사용
타임스탬프 요청/응답 (time—stamp request and reply)	두 시스템 간에 IP 데이터그램이 오고 가는데 필요한 왕복 (round—trip) 시간을 결정하는데 사용, 두 시스템간의 동기화에도 사용

구분	내용
주소 마스크 요청 및 응답(address mask request and reply)	IP 주소의 일부를 정의하는 네트워크 주소, 서브넷 주소, 호스트 식별자를 모르는 경우에 사용
라우터 간청 및 광고 (router solicitation and advertisement)	호스트는 인근 라우터가 정상적인 기능을 수행하는지 식별하기 위해 라우터 간청 메시지 전송, 라우터는 라우터 광고 메시지로 라우터 간청 메시지에 응답
재지정(redirection)	데이터그램을 잘못된 라우터로 보낼때 라우팅 테이블을 갱신하기 위한 방법

C05. 통신 시스템

▌시험출제 요약정리▐

1) 데이터통신

1-1) 패킷교환
- 패킷교환 방식은, 패킷이라고 불리는 비교적 적은 데이터 단위가 각 패킷에 담긴 목적지 주소를 기반으로 하여 네트웍을 통해 발송되는 네트웍의 한 형태
- 통신 메시지를 패킷으로 나눔으로써 네트웍 내의 동일한 데이터 경로를 여러 명의 사용자들이 공유할 수 있게 된다. 송신자와 수신자간의 이러한 형태의 통신을 비연결형이라고 부르며 인터넷상의 대부분의 트래픽은 패킷교환 방식을 사용하며, 인터넷은 기본적으로 비연결형 네트웍임.
- 패킷교환 방식과 대비되는 것이 회선교환 방식인데, 이는 평범한 음성 전화망과 같은 형태의 네트웍으로서, 통화를 위한 통신회선이 설정되면 그 시간동안에는 통화에 관련되는 사람들에게만 전용으로 할당되며 음성전화에 인터넷의 패킷 교환방식을 사용하는 것도 가능함.

1-2) 데이터그램 방식
- 관련된 패킷이라도 따로 전송하는 방법으로 패킷마다 가는 경로가 다를 수 있고, 망이 상황에 따라 달라지며, 패킷의 도착 순서가 바뀔 수 있어 순서의 재조정이 가능해야 함. Call Setup 이 필요없지만 잘 사용되지 않음.
- Call Setup 과정이 필요 없어 하나 혹은 소수의 패킷만을 보낼때에 빠르고 오버헤드가 적음.
- 망 자원이 바쁠 경우 다른 경로로 보내기 때문에 망 운용에 융통성이 있음 (가상 회선 방식은 혼잡해도 경로를 바꿀 수 없음)
- 망이 고장났을 때에 최적화된 경로를 찾아갈 수 있어 신뢰성이 높음.

1-3) 가상 회선 방식
- 관련된 패킷을 전부 같은 경로를 통해 전송하는 방법임. 가상 번호를 기반으로 가상 회선을 구현하려 Call Setup 이 필요함.
- 회선 교환망처럼 회선을 전용하지 않기 때문에 각각의 패킷에 대해 각각의 경로를

지정할 필요가 없음.
- 보낼 데이터가 많아도 *Call Setup*을 한 번만 하면 되기 때문에 효율적인 전송을 할수 있음.
- 각 노드에서 처리시간이 적게 소요되며 패킷이 처음 출발한 순서대로 도착하기 때문에 오류 제어가 용이함.

1-4) 회선교환
- 회선 교환망은 발신자와 수신자 간에 독립적이며 동시에 폐쇄적인 통신 연결로 구성되어 있으며 이러한 1대 1 연결을 회선(*circuit*) 또는 채널(*channel*)이라고 함
- 설정된 통신은 안정적이며 다른 요인에 의해 통신이 방해 받지 않음
- 반면, 통신 연결이 늘 보장되지는 못하며 네트워크 자원(*network resource*)를 많이 소모함.

2) 스위치

스위치의 사용목적은 허브와 유사하지만, 스위치는 훨씬 향상된 네트워크 속도를 제공함 각 컴퓨터에서 주고 받는 데이터가 허브처럼 다른 모든 컴퓨터에 전송되는 것이 아니라, 데이터를 필요로 하는 컴퓨터에만 전송되기 때문에 가능함.

2-1) L4
- 기존의 2, 3계층 스위치와 달리 MAC어드레스나 네트워크 계층의 소스와 목적지 IP어드레스가 아닌, TCP/UDP 포트 번호를 통해 패킷을 전송하는 스위치

구분	내용
Server Load Balancing	여러대의 서버를 마치 하나의 서버처럼 동작시킴으로써 성능을 쉽게 확장하게 하고 서버의 장애시에도 타 서버로 운영이 가능하게 함으로써 신뢰성을 향상시키기 위한 방법
Cache redirection	내부 망에서 외부 인터넷으로 향하는 웹 트래픽을 가로채어 캐싱 서버에게 전달하는 기능
Firewall Load Balancing	하나 이상의 방화벽을 추가하여 가용성 및 성능을 향상 동적인 로드분산을 통해 응답속도를 향상 시스템 변경없이 방화벽 확장 및 관리가 쉽도록 함
VPN Load balancing	VPN의 성능과 안정성을 향상 시키기 위한 기능
Network Load Balancing	다수의 인터넷 접속 라인을 사용하여 네트워크의 속도와 안정성을 개선하기 위한 기능

2-2) L7스위치

- 패킷의 헤더정보만 확인하는 L4에 비해 payload(e-mail제목/내용의 문자열, HTTP컨텐츠URL, FTP파일 제목, SSL ID, Cookie 정보, 특정 바이러스(e.g. CodeRed, Nimda)패턴등을 분석해 Packet을 처리하므로, 보안에 이용되어지는데 보다 높은 수준의 Intelligence를 갖춘 스위치일수록 더 정교한 패킷의 부하분산(Load Ballancing)및 Qos기능 구현이 가능함.
- Dos/SYN Attack에 대한 방어
- CodeRed/Nimda등 바이러스 감염 패킷의 필터링
- 네트워크 자원의 독점 방지를 통한 네트워크 시스템의 보안성 강화가 가능함.

구분	내용
L2	Input 포트를 통해 들어온 Frame을 목적지 MAC주소를 기반으로 output포트를 통해 전송하는 것 Switching 장비 전체가 "Broadcast Domain"이 됨
L3	Layer 3 switching = Layer 2 switching + Layer 3 routing Switch 장비 플랫폼에 라우팅 기능 부가
L4	OSI7 Layer모델의 4 계층 정보인 TCP/UDP 포트 번호를 분석해 포워딩 결정을 내리는 기능 QoS, SLB, FLB등의 기능 제공
L7	기존 Port뿐만 아니라 실제 데이터 페이로드(Layer 7)를 이용한 다양한 패킷 스위칭을 수행하는 네트워크 장비 Connection Pooling, Traffic Compression, QoS, 보안 기능 제공

3) NMS(Network Management System)

네트워크에 연결된 장비들에 대한 지속적인 모니터링 및 정보 수집을 통하여, 장비 오 작동에 대한 적극 대응 및 예측, 장비 용량 사용 트랜드 보고서 작성 및 용량 계획 수립을 지원하는 시스템

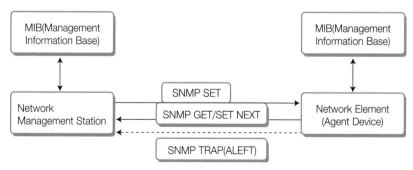

DDNS	유동 IP주소를 사용하는 컴퓨터들의 경우에도 DNS정보를 쉽게 유지할 수 있도록 해주는 방법으로 일반적으로 인터넷 서비스 제공사업자에 의해 IP주소가 새로이 부여될 때마다 DNS 데이터베이스를 자동으로 갱신해 주어 특정 도메인 이름에 대응되는 IP주소가 자주 바뀌더라도 다른 사용자들이 그 컴퓨터에 접속하기 위해 새로 변경된 IP주소를 알 필요 없이 기존 도메인 이름을 이용해 쉽게 접속
DHCP	네트웍 관리자들이 조직 내의 네트웍 상에서 IP주소를 중앙에서 관리하고 할당해 줄 수 있도록 해주는 프로토콜로 네트웍 IP관리 프로토콜인 BOOTP의 대안으로 사용
NAT	Network Address Translation은 1개의 공인 IP주소에 다량의 가상 사설 IP주소를 교대로 할당 및 매핑하는 주소 변환(Address Translation)방식 주소변환을 통해 내부 사설망 보안 및 Load Balancing 등이 가능

기출문제 풀이

2004년 78번

네트워크 관리 시스템(NMS:Network Management System)의 특징에 대한 설명 중 <u>거리가 먼</u> 것은?

① NMS의 성능은 규모가 다른 네트워크상에서, 변동하는 부하에서도 문제가 발생하지 않아야 한다.
② NMS는 실시간 처리 요구사항에 신속하게 대응할 수 있어야 한다.
③ NMS는 신뢰성 있고 무장애 방식이어야 한다.
④ NMS는 네트워크 변경사항을 쉽게 수정할 수 없도록 하여 견고성 (Robustness)를 유지하여야 한다.

● 해설 : ④번

NMS는 네트워크에 대해 SNMP 프로토콜을 이용하여 정보를 획득할 뿐만 아니라 변경이 가능해야 함.

● 관련지식 ●●●

- NMS(Network Management System)
  네트워크에 연결된 장비들에 대한 지속적인 모니터링 및 정보 수집을 통하여, 장비 오작동에 대한 적극 대응 및 예측, 장비 용량 사용 트랜드 보고서 작성 및 용량 계획 수립을 지원하는 SW
- NMS 동작 개념도

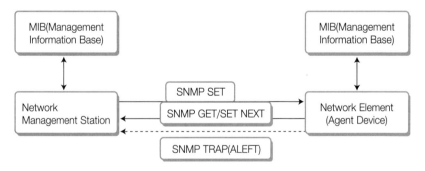

- SNMP 제공 서비스

구분	내용
GET	Agent 관리 정보 조회 요청 후 Agent는 이에 응답

구분	내용
GET-NEXT	정보의 끝을 만날 때까지 변수 값을 Manager가 Agent 로부터 가져오는 서비스
SET	Manager가 Agent 정보를 변경시키는 서비스
TRAP	Agent가 비정상 시 이를 Manager에 자동 통보하는 서비스

다음은 어떤 장비에 대한 설명인가?

> 인터넷의 한 사이트에서 여러 개의 프락시 서버가 클러스터로서 하나의 네트워크로 연결되어 있고, 이 클러스터는 하나의 가상 IP 주소를 가지고, 외부의 클라이언트가 이 사이트로부터의 프락시 서비스를 요청할 때, 이 가상 IP 주소를 사용한다고 하자. 이때, 클라이언트 들로부터의 모든 요청을 인터셉트하여 각각을 프락시 서버에게 균등하게 분배(load balancing)한다.

① L2 스위치   ② L3 스위치   ③ L4 스위치   ④ 라우터 (router)

● **해설 : ③번**

L4 스위치의 기능: QoS, SLB, FLB기능 제공

● **관련지식** ••

• 레이어별 스위칭 장비의 기능

구분	내용
L2	Input 포트를 통해 들어온 Frame을 목적지 MAC주소를 기반으로 output포트를 통해 전송하는 것 Switching 장비 전체가 "Broadcast Domain"이 됨
L3	Layer 3 switching = Layer 2 switching + Layer 3 routing Switch 장비 플랫폼에 라우팅 기능 부가
L4	OSI7 Layer모델의 4 계층 정보인 TCP/UDP 포트 번호를 분석해 포워딩 결정을 내리는 기능 QoS, SLB, FLB등의 기능 제공
L7	기존 Port뿐만 아니라 실제 데이터 페이로드(Layer 7)를 이용한 다양한 패킷 스위칭을 수행하는 네트워크 장비 Connection Pooling, Traffic Compression, QoS, 보안 기능 제공

다음 중 DNS(Domain Name System)에서 성능을 향상시키기 위하여 사용하는 방법에 해당하는 것은?

A. 복제(replication)   B. 계층화(layering)
C. CRC(Cyclic Redundancy Check)   D. 캐싱(caching)

---

① A,B   ② B,C   ③ A,D   ④ B,D

● 해설 : ③번

CRC는 네트워크 등을 통하여 데이터를 전송할 때 전송된 데이터에 오류가 있는지를 확인하기 위한 체크값을 결정하는 방식임.

● 관련지식 •

• DNS
인터넷 네트워크상에서 컴퓨터의 이름을 IP주소로 변환하거나 해석하는데 사용되는 분산 네이밍 시스템

• DNS 레코드 유형

구분	내용
A	Address 레코드는 주어진 호스트에 대한 주 레코드, 도메인 이름에서 IP주소로의 매핑을 정의
CNAME	Canonical Name, 별칭 호스트 이름으로 하나의 서버를 여러 개의 다른 이름으로 지정할 때 사용
HINFO	Host Information, 호스트의 하드웨어와 OS에 대한 정보를 정의
MX	Mail Exchanger, 현재 도메인으로 전달된 메일을 처리할 수 있는 서버를 지정
NS	네임 서버 레코드로 네임 서버를 열거
PTR	Domain Name Pointer, 주소를 호스트 이름으로 변환하기 위해 IN-ADDR.ARPA에서 주로 사용, PTR이름은 그 영역(Zone)에서 유일
SOA	Start of Authority, 도메인 생성과 동시에 자동으로 생성되는 레코드

 **2005년 84번**

L4 스위치의 기능이 <u>아닌 것은?</u>

① 사용자들의 요구를 서버들의 부하 분배상태에 따라서 배분한다.
② 특정 응용 프로그램의 트래픽 전송을 차단할 수 있다.
③ 네트워크 트래픽 분류를 위해 TCP/UDP port 정보를 활용한다.
④ 웹 캐싱(Web caching)을 수행하여 정보를 입수하기 까지의 지연시간을 줄인다.

● 해설 : ④번

캐쉬 기능을 직접 수행하는 것이 아니고 캐쉬 서버로 리다이렉션 기능을 지원함.

● 관련지식 ●●

• L4 스위치
기존의 2, 3계층 스위치와 달리 MAC어드레스나 네트워크 계층의 소스와 목적지 IP어드레스
가 아닌, TCP/UDP 포트 번호를 통해 패킷을 전송하는 스위치

• L4 스위치의 주요 기능

구분	내용
Server Load Balancing	여러대의 서버를 마치 하나의 서버처럼 동작시킴으로써 성능을 쉽게 확장하게 하고 서버의 장애시에도 타 서버로 운영이 가능하게 함으로써 신뢰성을 향상시키기 위한 방법
Cache redirection	내부 망에서 외부 인터넷으로 향하는 웹 트래픽을 가로채어 캐싱 서버에게 전달하는 기능
Firewall Load Balancing	하나 이상의 방화벽을 추가하여 가용성 및 성능을 향상 동적인 로드분산을 통해 응답속도를 향상 시스템 변경없이 방화벽 확장 및 관리가 쉽도록 함
VPN Load balancing	VPN의 성능과 안정성을 향상 시키기 위한 기능
Network Load Balancing	다수의 인터넷 접속 라인을 사용하여 네트워크의 속도와 안정성을 개선하기 위한 기능

다음 L4스위치에 대한 설명 중 **틀린 것은?**

① HTTP URL 기반의 패킷 스위칭을 수행한다.
② 패킷 전달과정에서 네트워크나 서버의 효율을 고려한다.
③ 전송계층의 포트번호를 통해서 응용계층 서비스를 구분한다.
④ 서버의 부하에 따라 세그먼트를 적절히 배분하는 SLB(Server Load Balancing) 기능을 가진다.

● 해설 : ①번

HTTP URL은 Application 계층이다. L4는 전달망 계층임.

● 관련지식 ●●

- L4
4계층(전달망계층)상의 TCP/UDP 포트번호를 토대로 서비스별로 분류하여 포워딩 결정을 하게되는 장비

- L4의 기능

구분	내용
SLB(Server Load Balancing)	동일 기능을 수행하는 여러 대의 고 성능 서버들을 마치 하나의 서버장비만 있는 것처럼 동작시킴
QoS 구현	어플리케이션의 중요도에 따라 우선 순위 결정, TCP/IP 헤더의 포트 번호를 인식하여 서비스별로 분류
기타	Firewall Load Balancing, VPN load balancing

- L4 스위치와 L7 스위치의 비교

구분	L4	L7
동작계층	Layer 4	Layer 7
로드 밸런싱 단위	서비스 포트 단위	데이터 단위
주요 기능	로드 밸런싱	데이터 필터링 기능

유동 IP 주소를 이용하는데 있어 문제점 중의 하나는 도메인 이름과의 연결문제이다. 이를 해결하기 위해서 사용되는 시스템으로 컴퓨터의 유동 IP 주소를 서버에 등록하여 도메인 이름과 IP 정보를 관리하는 시스템은 무엇인가?

① DDNS(Dynamic Domain Name System)
② DHCP(Dynamic Host Configuration Protocol)
③ Netpia
④ WINC

● 해설 : ①번

● 관련지식 ●●

• DDNS
 – 유동 IP주소를 사용하는 컴퓨터들의 경우에도 DNS정보를 쉽게 유지하는 방법
 – 일반적으로 인터넷 서비스 제공사업자에 의해 IP주소가 새로이 부여될 때마다 DNS 데이터 베이스를 자동으로 갱신해 주어 특정 도메인 이름에 대응되는 IP주소가 자주 바뀌더라도 다른 사용자들이 그 컴퓨터에 접속하기 위해 새로 변경된 IP주소를 알 필요 없이 기존 도메인 이름을 이용해 쉽게 접속

• DHCP
 – 네트웍 관리자들이 조직 내의 네트웍 상에서 IP주소를 중앙에서 관리하고 할당해 줄 수 있도록 해 주는 프로토콜로 네트웍 IP관리 프로토콜인 BOOTP의 대안으로 사용.

2007년 98번

NAT(Network Address Translation)는 원래 IPv4 주소 고갈 문제를 풀기 위한 해결책으로서 등장하였지만, 그 외에도 네트워크의 보안성을 강화시켜주는 역할도 한다. 다음 중 네트워크의 보안성 강화를 위한 NAT의 역할과 <u>가장 거리가 먼 것은?</u>

① 해커가 공격 대상 네트워크의 토폴로지(Topology) 및 상호 연결성을 파악하기 어렵게 해준다.
② TCP/IP 모델의 모든 계층에서 통신 과정을 조사 · 분석할 수 있기 때문에 안전한 데이터 통신을 보장한다.
③ 해커가 장비의 종류나 운영 체제를 파악하기 어렵게 해준다.
④ SYN flooding 공격, 포트 스캔, 서비스 거부 공격 등을 시도하는 것을 어렵게 한다.

● 해설 : ②번

● 관련지식 ●●

• NAT(Network Address Translation)

– 1개의 공인 IP주소에 다량의 가상 사설 IP주소를 교대로 할당 및 매핑하는 주소 변환 (Address Translation)방식
– 집선비 개념에 의한 일정량의 IP를 공유하는 DHCP 방식과는 구별 됨
– 공인 IP 주소의 효율적 공유 및 절약을 위해 주소변환을 통해 내부 사설망 보안 및 Load Balancing 등이 가능(IP 및 TCP Checksum 등 IP주소와 관련된 모든 부분도 변경해야 하므로 일부 온라인 서비스가 사용 안될 수 있음)

C06. 유무선 통신기술

1) 유선통신

구분	내용	
X.25	X.25는 ITU–T의 X 표준 중 하나로 Frame Relay의 근간을 이루는 전송 프로토콜	
	장점	– 호환성. : 국제표준. 비표준인 SNA,SDLC수용. 프로토콜 변환기능과 자동속도 변환가능 – 강력한 Error Check 기능. 장애 발생시 우회전송가능. 전송품질 우수. Error발생시 재전송. – 하나의 물리적 회선에 다수의 논리채널할당,서로 다른 지역의 데이터를 하나의 고속 회선으로 수용. 경제적인 네트워크 구성 가능
	단점	– 축적교환방식 : 다소의 처리지연이 발생..대역폭의 한계를 극복하지 못함 – 정교한 에러체크 기능 : X.25의 완벽한 오류수정과 flow control, error packet의 retransmittion등 신뢰성 있는 메커니즘이 회선에 오버헤드를 발생시켜 무리를 주기 때문에 Frame relay가 각광
FrameRelay	– 프레임 릴레이는 근거리통신망들 사이, 또는 광역통신망 내의 단말지점들 간에 간헐적인 트래픽을 위해, 비용대 효율이 좋은 전송 서비스 – 프레임 릴레이는 프레임이라고 불리는 가변적인 크기 단위 내에 데이터를 집어넣고, 꼭 필요한 에러 교정 기능은 종단장치에 맡김으로써, 전체적인 데이터 전송 능률을 올림 – 프레임 릴레이는 음성대화와 같은 아날로그 데이터를 전송하기 위해 설계되었던 옛날의 X.25 패킷 교환 기술에 기반을 두고 있음	
ATM	– 비동기 전송 방식(Asynchronous Transfer Mode, ATM 자료를 일정한 크기로 정하여 순서대로 전송하는 자료의 전송방식 – 비동기 전송방식은 셀이라 부르는 고정 길이 패킷을 이용하여 처리가 단순하고 고속망에 적합하며 연속적으로 셀을 보낼 때 다중화를 하지 않고 셀단위로 동기가 이루어지지만 경우에 따라 동기식 시간 분할 다중화를 사용하기도 함	
MPLS	– MPLS는 네트웍 트래픽 흐름의 속도를 높이고 관리하기 쉽게 하기 위한 인증된 표준 기술 – MPLS는 주어진 패킷 열에 대하여 특정 경로를 설정하는 것에 관여하는데, 각 패킷 내에는 라벨이 있어서 라우터 입장에서는 그 패킷을 전달해야할 노드의 주소를 보는데 소요되는 시간을 절약할 수 있음	

구분	내용
MPLS	– MPLS는 멀티프로토콜이라고 불리는데, 그 이유는 IP, ATM 및 프레임 릴레이 네트웍 프로토콜 등과 함께 동작하기 때문 CE　PE　Edge LSR　LSR　LSR　Edge LSR　PE　CE Edge LSR　LSR　LSR　Edge LSR LDP C Network (Customer Control)　P Network (Provider Control)　C Network (Customer Control)
DWDM	– DWDM은 다른 곳에서 온 여러 종류의 데이터를 하나의 광섬유에 함께 싣는 기술로서, 각 신호들은 분리된 고유의 광파장 상에서 전송 – DWDM을 사용하면 하나의 광섬유 상에 최고 80 (이론상으로는 그 이상)개의 분리된 파장이나 데이터 채널로 다중화 – 각 채널은 수신측에서 원래의 신호대로 역다중화되기 때문에, 각기 다른 속도의 각기 다른 데이터 형식들이 함께 전송

2) QoS

- 인터넷 활용이 늘어남에 따라 인터넷 연결에도 분류를 나눠서 특정 분류의 연결을 더 우선적으로 서비스하거나 공유 링크의 특정 비율까지 차별적으로 이용하게 하려는 시도로 처음에는 이를 CoS(Class of Service)라고 불렀으며 차츰 QoS라는 용어가 대중화되었으며, 특정 분류에 따른 차등 서비스보다는 개별 연결에 각각의 차등적인 서비스를 하려는 개념임.
- IntServ 모델은 사용자 패킷 플로우 단위로 각각의 자원 예약 모델인 것에 반해, DiffServ 모델은 사용자 패킷 플로우를 군집화하여, 소수의 트래픽 클래스에 의해 복잡한 패킷 처리 과정을 단순화시켜 대규모 망에서 적용이 가능한 모델임.

구분	내용
DiffServ	– 인터넷의 QOS(서비스품질)을 보장하려는 방법 중의 하나로써, IntServ의 확장성 문제를 해결하기 위해 제안되었음. – 모두에게 만족하는 서비스품질을 보장하지는 못하지만, 비교적 차등화된 서비스품질을 제공하자는 취지에서 개발된 IETF 표준 – 구현이 용이하고 가벼우며 확장성이 용이한 프로토콜

구분	내용
DiffServ	- 상대적으로 우선순위가 높은 패킷을 명시토록하여, 이러한 패킷에 대하여는 보다 나은 서비스를 제공토록 하는 모델임. - 각 패킷에 등급을 나타내는 플래그가 붙게하여, Gold, Silver, Bronze 서비스 등의 형태로 구분시키고, 각 라우터는 등급이 높은 패킷을 우대하여 처리함.
IntServ	- 인터넷 QoS 보장을 위한 서비스 모델을 말하며, DiffServ와 대별됨. - 사전에 자원을 예약하는 방식에 의하여 QoS를 제공하는 모델임. - RSVP와 같은 자원예약 신호제어용 프로토콜에 의해 요구되는 자원을 사전에 예약토록 하여 망으로 유입되는 트래픽에 대하여 수락제어를 하는 방식임. - 흐름 단위의 상태 유지로 복잡한 수락제어 및 트래픽 스케쥴링 기법이 가능 - 새로운 신호방식으로서 RSVP(자원예약프로토콜)가 필요 - 각 라우터 장비에서 플로우 당 상태 유지 및 예약처리는 대규모 망에서 상당한 부담이 되며, 따라서 확장성(Scalability)에 불리하게 됨. - 인터넷 전체 망에 걸쳐 광범한 상태 정보 유지가 필요하게 되며 바로 이 점이 IntServ 보편화에 장해가 됨.

3) Streaming Protocol

구분	내용
RTP	- Real-time transport protocol 는 실시간 데이터를 전송하는 응용들을 지원하기 위한 사용자간 전송 서비스(End-to-End Delivery Service)로 IETF RFC1889에 표준으로 제시되어 1997년 초에 표준화가 완료 - RTP 서비스는 크게 Payload Type Identification, Sequence Numbering, Time Stamping으로 나누어 볼 수 있음. - 멀티미디어 세션에서 각 매체는 독립된 RTP 세션을 통해서 전송되고 또한 각각의 RTCP 연결을 갖음. - 실시간으로 음성이나 통화를 송수신하기 위한 트랜스포트층 통신규약으로 RTP는 그 자체로 QoS 보장이나 신뢰성을 제공하지 못하며 시간 정보와 정보 매체의 동기화 기능을 제공함.
RTCP	- Real-time transport control protocol 는 RTP와 같이 동작하는 제어 프로토콜로 RTP 세션에 참여한 각 참가자들은 주기적으로 다른 모든 참가자들에게 RTCP 제어 패킷을 전송함. ① 응용 서비스에 정보 제공 : RTCP는 주기적인 제어 패킷 전송을 통해서 응용 서비스에 RTP 세션의 데이터 전송에 관계되는 정보를 제공하고, 각 RTCP 제어 패킷은 송신자 또는 수신자의 상태 정보를 포함하고 있으며, 이러한 상태 정보에는 전송 패킷 수, 수신 패킷 수, 지터 등이 포함됨. ② RTP 소스 식별 : RTCP는 하나의 RTP 소스에 대해 Canonical Name(CNAME)이라 부르는 전송 계층의 식별자를 가지며, 이 CNAME은 RTP 세션의 참가자들을 추적하는데 이용됨 ③ RTP 전송 간격 제어 : 서버 트래픽이 네트웍 자원을 너무 많이 이용하지 못하도록 하고 RTP 세션에 많은 참가자들이 참가할 수 있도록 하기 위해서 제어 트래픽은 전체 세션 트래픽의 5%를 초과할 수 없도록 한정되며, 이에 대한 내용은 참가자 수의 함수로 결정됨. ④ 최소한의 세션 제어 정보 수송 : 부가적인 기능으로 RTCP는 모든 세션 참가자들에 대해 최소한의 정보를 수송하기 위한 편리한 방법으로 이용함

구분	내용
RTSP	- Real-time streaming protocol은 On Demand 형식으로 리얼타임 미디어 전송을 행하는 애플리케이션 계층의 프로토콜 - 실시간으로 음성이나 동화를 송수신하기 위한 통신 규약 - RTSP도 H.323과 마찬가지로, 멀티미디어 콘텐츠 패킷 포맷을 지정하기 위해 RTP를 사용하며 RTSP는 대규모 그룹들에게 오디오 및 비디오 데이터를 효율적으로 브로드캐스트하기 위한 목적으로 설계
RSVP	- RTCP가 수신 품질에 대한 보고를 통해서 송신자 측에서 트래픽을 조절할 수 있게는 하지만 송신자와 수신자간에 적시 전송과 특정 QoS 만족을 성취하기 위해서는 RTCP 이외에 다른 프로토콜 체계가 필요 - RSVP는 사용자간 특정 데이터 스트림에 대한 QoS 만족을 위해 네트워크의 자원을 미리 확보해 두기 위해 이용되는 자원 예약 프로토콜 - RSVP는 일반적으로 Guaranteed Service나 Controlled-Load Service 가운데 하나를 구현하며 RSVP는 데이터 자체를 전송하는 프로토콜이 아니라 ICMP, IGMP 처럼 제어용 프로토콜임

4) wPAN (Wireless Personal Area Network)

항목	WLAN	Bluetooth	Zigbee	UWB
표준	802.11	802.15.1	802.15.4	802.15.3a
주파수	2.4/5GHz	2.4GHz	2.4GHz	5.1~10.6GHz
변조	DSSS	FHSS	DSSS	Baseband
속도	11Mbps이상	1~10Mbps	20~250Kbps	100~500Mbps
거리	50~100m	10m	10~100m	20m~1km
네트워크	점대점	Ad-Hoc	Ad-hoc,Mesh,Star	점대점

4-1) Bluetooth
- 기기종류와 관계없이 저가격, 저전력, 소형화를 목표로 한 장치들간의 무선통신 기술
- 주파수 호핑방식에 의한 통신, Piconet과 Scatternet 토폴로지
- 하나의 피코넷은 1개의 마스터와 7개까지의 활성 슬레이브를 지원
- 2개 이상의 피코넷으로 구성되며 100개까지의 피코넷을 연결가능하며 하나의 피코넷의 마스터는 다른 피코넷의 슬레이브가 될수 있음
- 2.4GHz의 ISM 대역을 이용하므로 주파수 사용에 대한 제한이 없음

- 블루투스는 3가지 보안모드를 갖고 있으며 각 블루투스 장비는 한번에 한 모드로만 동작할 수 있음.

구분	내용
보안모드 1	어떤 보안절차도 진행시키지 않는다. 이 모드는 보안이 요구되지 않는 어플리케이션을 위해 사용됨
보안모드 2	L2CAP(Link Control and Adaptation Protocol)레벨의 채널이 생성된 후에 보안 프로시저가 수행
보안모드 3	채널이 생성되기 전에 보안 프로시저가 수행

4-2) Zigbee
- 저속전송, 저비용, 저전력의 새로운 저속 WPAN 기술
- 유비쿼터스 환경 및 홈 네트워킹에 적용하기 용이
- 대역확산 방식으로 고대역 장비와의 간섭 현상 발생
- ZigBee네트워크를 구성하는 기기는 기능에 따라 ZigBee 코디네이터, (ZC), ZigBee 라우터(ZR)와 ZigBee종단기기(ZED)로 구분함
- ZigBee 네트워크에서 구성요소들의 특징을 살펴보면 노드 번호 할당에 16비트 주소를 사용하므로 65,536개까지 연결
  ① ZigBee 코디네이터(ZC: Coordinate) : ZigBee 네트워크 마다 단 하나만 존재하는 네트워크 관리자,전기능기기(Full Function Device),네트워크가 형성되면 Router로도 작동
  ② ZigBee 라우터(Router) : ZC나 다른 ZR, ZED와 연계됨,전기능기기(Full Function Device),멀티 홉(Multi-hop) 라우팅 처리
  ③ ZigBee 종단기기(ZED: End Device) : 옵션(Optional) 네트워크 구성성분, ZC 또는 ZR과만 연계되며 라우팅 기능은 없음

4-3) UWB(Ultra Wide Band)
- 무선통신을 함에 있어서, 데이터를 주고 받을 때 허가된 대역을 가짐. 이 때 허가된 대역 내에서 요구하는 기준을 만족시켜 다른 대역에서 사용하는 무선통신 기기들과의 영향이 미치지 않게 해야 함. UWB 통신 방식은 제시된 레벨보다 낮은 세기로 전송하며, 매우 넓은 주파수 대역을 사용하며, 낮은 파워를 이용하여 통신이나 레이더 등에 응용되는 방식임.
- 광대역 고주파수 대역을 이용하여 기존 주파수와 간섭 및 방해 없이 고속전송이 가능
- 3.1GHz부터 10.6GHz까지 총 7.5GHz 광대역폭을 사용
- Baseband 신호로 전송하므로 시스템 구성이 쉽고 경제적 전송이 가능
- UWB의 가장 큰 특징은 초 광대역을 활용하면서 동시에 출력이 상대적으로 낮음
  ① Single-band UWB : 3.1GHz ~ 10.6GHz, 대역을 short pulse로 전송 예) DS-CDMA

② Multi-band UWB : 500MHz정도의 대역폭, 시간차를 두고 신호 전송 예) MB-OFDM

5) wLAN

구분	전송방식	스펙트럼	최대전송속도	비고
802.11a	OFDM	5GHz	54Mbps	802.11b보다 가격이 높음 2.4GHz 주파수대역과 호환이 안됨
802.11b	DSSS	2.4GHz	11Mbps	QoS와 멀티미디어 지원에 있어서 단점
802.11g	DSSS OFDM	2.4GHz	54Mbps	보안, 주파수 간섭 QoS문제
802.11n	OFDM	2.4GHz 5GHz	540Mbps	– 전송 속도를 빠르게 하기 위해 다중안테나를 사용하는 MIMO(Multi Input Multi Output) 기술을 기반으로 함. – 신뢰성을 높이기 위해 중복되는 데이터 사본을 여러개 전송하는 코딩 방식 사용

① 802.11
- 802.11은 2Mbps의 최고속도를 지원하는 무선 네트워크 기술로, 적외선 신호나 ISM 대역인 2.4GHz 대역 전파를 사용해 데이터를 주고 받으며 여러 기기가 함께 네트워크에 참여할 수 있도록 CSMA/CA 기술을 사용함.
- 규격이 엄격하게 정해지지 않아서 서로 다른 회사에서 만들어진 802.11 제품 사이에 호환성이 부족했고 속도가 느려서 널리 사용되지 않았음.

② 802.11b
- 802.11b는 802.11 규격을 기반으로 더욱 발전시킨 기술로, 최고 전송속도는 11Mbps이나 실제로는 CSMA/CA 기술의 구현 과정에서 6-7Mbps 정도의 효율을 나타내는 것으로 알려져 있음.
- 표준이 확정되자마자 시장에 다양한 관련 제품이 등장했고, 이전 규격에 비해 현실적인 속도를 지원해 기업이나 가정 등에 유선 네트워크를 대체하기 위한 목적으로 폭넓게 보급되었음.

③ 802.11a
- 세 번째로 등장한 전송방식인 802.11a는 5GHz 대역의 전파를 사용하는 규격으로, OFDM 기술을 사용해 최고 54Mbps까지의 전송 속도를 지원함.
- 5GHz 대역은 2.4GHz 대역에 비해 다른 통신기기(예 : 무선 전화기, 블루투스 기기 등)와의 간섭이 적고, 더 넓은 전파 대역을 사용할 수 있다는 장점이 있지만, 신호의 특성상 장애물이나 도심 건물 등 주변 환경의 영향을 쉽게 받고, 2.4GHz 대역에서 54Mbps 속도를 지원하는 802.11g 규격이 등장하면서 현재는 널리 쓰이지 않고 있음.

④ 802.11g
- 802.11g 규격은 a 규격과 전송 속도가 같지만 2.4GHz 대역 전파를 사용한다는 점만 다르며, 널리 사용되고 있는 802.11b 규격과 쉽게 호환되어 현재 널리 쓰이고 있음.

⑤ 802.11n
- IEEE 802.11n-2009는 상용화된 전송규격으로 2.4GHz 대역과 5GHz 대역을 사용하며 최고 600Mbps 까지의 속도를 지원하고 있으며, Draft 1.0 이 확정되었을 때, 대한민국의 경우 기술규격 내 주파수점유대역폭의 문제(2개의 채널점유)로 최대150Mbps이하로 속도가 제한되었으나 2007년 10월 17일 전파연구소의 기술기준고시로 300Mbps이상까지 사용할 수 있게 되었음.
- 최종 표준안은 2008년 말 제정될 예정이었으나 2009년 9월 11일에서야 IEEE 802.11n-2009이 표준안으로 제정되었고 대한민국에 현재 상용화되어 있음.
- 다른 규격보다 승인 규격이 엄격하고 출력 규제가 심하여, 일부 회사에서는 이 규제를 지키지 않고 있으며, IEEE 802.11n-2009 표준은 최대 600Mbps까지 대역폭을 넓힐 수 있음.

⑥ 802.11i
- 802.11i는 IEEE 802.11에서의 무선 LAN 보안의 취약성을 해결하기 위해 설립된 산하 전문위원회(Task Group)를 말하며 802.11 MAC에 대한 보안 및 인증 메커니즘 확장(Enhanced MAC Security), AP 간에 핸드오프 환경하에서도 견고한 실시간 보안 제공 등을 제공함.
- 802.1x 인증 방식 (필수사항), 사전 공유 키(Pre-Shared Key) 방식 (선택사항) : 별도의 인증 서버가 필요 없는 대신에, 무선단말 및 엑세스포인트 간에 사전에 특정 키를 공유하여야 함.
- 4단계 핸드쉐이크 키교환 방식, 무선 구간의 데이터 보호 방식 (암호화 알고리즘) : WEP(Wired Equivalent Privacy), CCMP(Counter mode with CBC-MAC Protocol), TKIP(Temporary Key Integrity Protocol)

6) Ubiquitous

6-1) RFID(Radio Frequency Identification)
- RFID는 라디오 주파수를 이용하여 움직이는 물체와 인식기 간의 데이터 통신을 하는 ADC(Automatic data Collection) technology
- RFID Tag은 위조가 불가능하며 반영구적이고, 재사용이 가능함.
- 인식 거리가 제한적이고, 방향성에 따라 인식율이 영향을 받으며 출력이 작고 외부 영향에 의해 쉽게 차단됨.

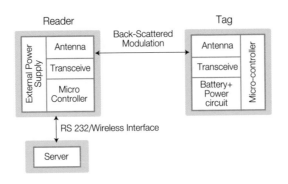

RFID Tag 구분		주요특징 및 적용 분야
R/W 유무에 따른 분류	Read Only	제조 시 제조사에서 프로그래밍 된 tag 정보내용은 변경불가 가격이 저렴하고 write 과정이 필요 없는 공정에 활용
	OTP (One-Time-Programming)	WORM(Write Only Read Many) 사용자가 데이터를 1회 Write 가능
	Read/Write	End-user 누구나 write 기능을 이용할 수 있음 가장 다양한 응용분야에서 적용이 가능한 Tag
전원 공급에 따른 분류	Passive	배터리가 없으며, 보통 수 Cm ~ 수m 인식범위 내 사용 가격이 저렴하고 반영구적 수명 (약 10년 이상) 물류관리, 교통, 보안, 전자상거래 등에 적용가능
	Active	Tag에 배터리가 부착되어 수십m 인식범위 내 사용 고가이며 배터리 수명제한(1~3년) 환경감시, 군수, 의료, 과학 등에 적용가능

6-2) EPC Network 구성 요소

구분	내용
EPC	EPC Network에서 기본이 되는 코드체계 거의 무한한 자원으로 오브젝트가 생산되거나 이미 존재하는 오브젝트들에게 주어지는 일련번호
RFID Reader	무선으로 오브젝트에 붙어 있는 태그의 정보를 읽고 이를 Savant에서 인식할 수 있는 데이터 형식으로 변경
ONS Server	PML Server 의 위치정보를 SAVANT에게 리턴 해주는 역할
PML Server	Product 에 대한 정보와 Product 관련 기타 정보 등을 XML 형태로 저장
SAVANT	EPC Network에서 모든 구성요소와 연결되어 원활한 데이터 이동과 Auto-ID 에서 일어나는 이벤트를 처리 (= ALE)

6-3) UsN

- USN(Ubiquitous Sensor Network)은 존재하는 물리적 네트워크를 활용하여 서비스를 제공하기 위한 개념적 네트워크로서, 센서네트워크를 통하여 센싱된 환경 또는 화학 정보 데이터를 인터넷이나 NGN(Next Generation Network)과 같은 인프라 네트워크를 활용하여 인프라 네트워크 연결 가입자에게 언제 어디서나 센싱된 정보가 가공된 지식 정보 서비스를 제공할 수 있도록 하는 서비스 네트워크를 말함.

6-4) IP-USN(Internet Protocol Ubiquitous Sensor Network)

- 기존의 IP 인프라를 기반으로 광범위한 확장성을 제공하고 센서노드, 게이트웨이및 싱크노드의 이동성을 보장하는 USN 서비스, BcN(All IP)망과 직접 연동 가능, 글로벌 통합 USN 네트워크 관리가 용이함.

6-5) u-City

- 도시통합운영센터에서는U-City내통신망, 교통망, 시설물등으로부터 도시정보를 수신하여 종합적으로 분석하고 도시를 효과적으로 운영, 시민이나 관련기관에 정보를 실시간으로 제공함.

구분	내용
편리한 도시	u-교통/물류/행정/교육/일 등
건강한 도시	u-보건/복지(병원,응급구조..) 등
안전한 도시	u-방범/화재/시설관리 등
쾌적한 도시	u-환경/주거 등

- 통합플랫폼은 통합서비스 제공 및 운영/확장이 용이하여야 하며, 개별 서비스가 플러그화되어 플랫폼에 등록이 용이한 표준 아키텍처를 제공하여야 함.

분류	항목	내용
기반기술	RFID	RFID 태그와 리더를 통하여 물품의 정보나 기타 다른 정보를 무선주파수로 전송 처리하는 비접촉식 인식 시스템
	WiBro	언제 어디서나 높은 속도로 무선 인터넷 접속이 가능한 서비스
	USN	Ubiquitous Sensor Network로 사물에 부착된 센서(태그)로부터 정보를 받아 이를 생활에 활용하는 네트워크
	BcN	광대역 통합망(BcN)으로 통신·방송·인터넷이 융합된 광대역 멀티미디어 서비스를 제공하는 통합 네트워크
	DMB	Digital Multimedia Broadcasting의 약어로서 디지털 방송 기술을 이용하여 이동 중에 TV, 라디오, 데이터 방송수신이 가능토록 하는 서비스

분류	항목	내용
기반기술	Sensor	다양한 환경속에서 발생하게 되는 현상에 대한 정보를 얻게 되는 감지기
	IPv6	기존 32비트 IPv4의 주소체계가 점점 부족짐에 따라 이를 해결하기 위한 128비트 주소체계
	wPAN/WLAN	근거리에서 통신 시 전파, 적외선 전송방식을 이용하는 통신망,802.11a/b/g/n/l , Bluetooth/UWB/Zigbee
	암호화기술	네트워크상의 통신 내용을 일정 기준의 암호로 바꾸는 기술
	미들웨어	분산컴퓨팅 환경에서 서로 다른 기종간의 서버, 클라이언트들의 연결을 도와주는 S/W
	그리드 컴퓨팅	네트워크를 통해 수많은 컴퓨터를 연결해 계산능력을 극대화한 디지털 신경망 서비스
	Embedded S/W	핸드폰이나 MP3 등과 같은 다양한 기기들을 제어하고 운영할 수 있게 하는 소프트웨어 및 플랫폼
연계기술	GIS	지리정보시스템이 공간상의 위치를 도형자료 및 속성자료로 연결하여 처리하는 시스템
	GPS	인공위성을 이용하여 위치를 나타내 주는 기술
	홈네트워크	가정에 있는 모든 가전제품을 유.무선 네트워크에 연결하여 제어.관리하는 체계
	RS	물체에 직접 접촉하지 않고 항공기 혹은 인공위성에 탑재된 센서를 이용하여 탐지하는 기술
	LBS	이동하는 중에 자신의 위치정보를 기반으로 교통정보 및 부가정보들을 제공받을 수 있는 서비스
	텔레매틱스	차량 운전자에게 위치 정보와 무선통신망을 이용하여 교통, 긴급구난, 부가서비스 등을 제공하는 멀티미디어 서비스
	ITS	실시간으로 교통정보를 수집, 가공하여 제공하는 차세대 교통체계
	도시통합 관제기술	u-City내에서 일어나는 모든 도시정보를 수신하고 통합 분석하여 이를 실시간으로 제공하는 기술

7) Wibro (Wireless-Broadband)

 - 와이브로(WiBro; Wireless Broadband, 해외에선 모바일 와이맥스로 알려져 있으며 대한민국 삼성전자와 한국전자통신연구원이 개발한 무선 광대역 인터넷 기술임.
 - 대한민국에서 통용되는 국제 표준 IEEE 802.16e에 대한 이름이고, 북미에서는 mobile

WiMAX로도 불림.

- 초기에는 고속 데이터 통신 기술을 가리키는 용어로 창안된 것이지만, 통신업체에서 기술 명을 서비스명으로 이용하면서 기술 이름보다 서비스 이름으로 더 잘 알려져 있으며, 국 제전기통신연합 전파총회에서 'IMT-2000'으로 통칭되는 3세대 이동통신(3G)의 6번 째 국제표준으로 채택되었음.

- 와이브로는 동시 송수신을 위해 TDD를, 다중 접속을 위해 OFDMA를 채택했으며, 한 채 널에 8.75Mhz의 대역 폭을 가짐.
- CDMA 1x와 같은 휴대 전화가 데이터 속도에 제한을 받는 것을 극복하기 위해 고안되었 으며 ADSL이나 무선 랜과 같은 광대역 인터넷 접속에 휴대성을 더한 것임.

- 이 기술은 QoS 또한 제공하는데, 스트림 영상물이나 잃기 쉬운 자료를 믿을 수 있는 방식 으로 사용할 수 있게 도와 주며 본질적인 측면에서는 이동통신과 별도의 서비스이나 3세 대 이동통신의 하향고속패킷접속(HSDPA, High Speed Downlink Packet Access)과 함께 차세대 통신 서비스로 주목받고 있음.

7-1) Wibro evolution
  - 와이브로 에볼루션(IEEE802.16m)은 한국의 순수 기술로 개발된 휴대인터넷 와이 브로(IEEE802.16e)의 업그레이드 버전
  - 와이브로 에볼루션에는 기존 와이브로 MIMO 기술 외에 다양한 하향링크 MU(Multi-User), MIMO 기술, 용량 및 커버리지를 증대 시키고 사용자 편의성 을 높이기 위한 Self Configuration (SC) 기술이 적용될 것으로 예상된다. 와이 브로 에볼루션에서는 시속 300km의 고속 이동성 멀티 안테나 기술, IPv6 지원, 모바일 IP 도입, 멀티·브로드캐스팅 서비스 지원, 전송 효율성, 오버헤드 등의 성능 개선에 초점을 맞추고 있다. 아울러, 와이브로 에볼루션 기술에서는 스루풋 (throughput) 증대 기술, 셀 경계에서의 간섭 제거 기술, IPv6를 고려한 고속 이 동성 제공 기술
  - 국내에서는 와이브로 에볼루션(IEEE 802.16m) 기술 표준을 TTA의 휴대 인터넷 프로젝트 그룹(PG302)을 중심으로 제조
  - 150Mbps의 기술까지 개발되어 LTE에 비해 상용화 시점이 빠르고 기술개발이 많 이 진행된 상태임.
  - LTE와 달리 2G, 3G 망 연동 기술이 필요 없는 단일 기술이며 표준 IP 기술이기 때 문에 데이터 전송이나 IPTV 등 서비스를 한 번에 받을 수 있고 일관성 있는 IP 기 술로 시작해서 기술이 간단함.
  - 사용 주파수대 : 2.3~2.4GHz
  - 채널 대역폭: 10/20/40MHz

- 최대 전송속도: 하향 링크 20Mbps 이상, 상향 링크 6Mbps 이상
- 이동속도: 120km/h 이상
- 변조 방식: 광대역 OFDM 방식
- 핸드오버 절단 시간: 100ms 이하
- IP 프로토콜: IPv4 또는 IPv6
- 셀 커버러지: 도심 1~1.5km, 외곽 3~5km

7-2) LTE
- 이미 세계의 70% 이상의 국가에서 사용하고 있는 GSM, WCDMA 망의 후속인 LTE는 Long Term Evolution의 머리 글자를 딴 것으로, HSDPA 보다 한층 진화된 고속 무선 데이터 패킷 통신 규격으로서 HSDPA의 진화된 규격인 HSDPA+와 함께 3.9 세대 무선 통신 규격임.
- 3GPP LTE는 현 이동통신망에서 진화되는 기술로 전세계 무선 기술 표준화 단체 중 하나인 3GPP 가 지난 2004 년부터 본격적인 연구에 착수하였으며 4세대 규정 서비스 속도가 이동중 100Mbps, 정지중 1Gbps 구현
- 3G LTE 는 ALL IP 를 백본으로 음성망과 데이터망을 하나로 통합하며, 현 이동통신 망에서 진화되는 점을 고려해 볼 때 4 세대로 거론되는 기술 중 가장 유력한 후보 기술로 대두되고 있으며 대역폭을 1.25MHz 에서 20MHz 까지 변화 가능하도록 하고 있으며, 주파수 대역을 효율적으로 사용하기 위하여 무선 다중 접속 및 다중화 방식은 OFDM, 고속 패킷 데이터 전송 방식은 MIMO, 그리고 스마트 안테나 기술을 기반으로 함.

7-3) Smart antenna
- 스마트 안테나는, 원하는 안테나 빔 패턴을 형성하여주는 배열 안테나(공간처리 능력)와 기저대역에서의 디지털 신호처리 기술(신호처리 능력)이 결합된 안테나를 말함.
  ① 적응 어레이 안테나 (Adaptive Array Antenna)
     - 안테나 배열에서 각 단위 요소별로 입사된 신호들을 특정 기준하에서 결합하여 다른 공간 상에 위치한 Co-channel 사용자로부터의 간섭 신호와 원하는 신호를 분리하여 수신하는 방식
  ② 스위칭 빔 어레이 안테나 (Switching Beam Array Antenna)
     - 미리 정해진 안테나 빔 패턴 중에 수신전력에 따라 최고의 성능을 줄 수 있는 빔 패턴을 선택 수신하는 방식

7-4) MIMO
- MIMO는 무선 통신의 용량을 높이기 위한 스마트 안테나 기술로 MIMO는 기지국과 단말기에 여러 안테나를 사용하여, 사용된 안테나수에 비례하여 용량을 높이는 기술임.

- 기지국에 M개, 단말기에 N개를 설치할 경우 $min(M,N)$ 만큼 평균 전송 용량이 늘어나며, 특별히 $N = 1$로 기지국에만 여러 개 안테나를 사용하는 경우를 MISO, $M = 1$로 단말기에만 여러 개 안테나를 사용하는 경우를 SIMO 그리고 $(M,N) = (1,1)$인 경우를 SISO라 부름.

7-5) OFDM (Orthogonal Frequency Division Multiplexing : 직교따주파수분할다중)
- 무선등에 이용되는 디지털 변조방식의 하나로서, 지상따 디지털 방송, IEEE 802.11a 등의 무선LAN, 전력선 모뎀 등의 전송 방식에 채택되고 있음.
- FDM(주파수 분할 다중)는 고속의 데이터 신호를 저속의 협속한 주파수 대역의 데이터로 변환하여 주파수축 상에서 병렬로 전송하지만, OFDM은 직교성을 이용하여 주파수축 상에서의 오버랩을 허용함 여러개의 반송따를 일부 중복 시키면서도 서로 간섭하지 않게 조밀하게 나열시킬 수 있는 점에서, 협소한 주파수 범위를 효율적으로 이용한 광대역 전송을 실현하고 있으며, 주파수의 이용효율도 높이고 있음.

7-6) CDMA Handoff
- 핸드오프는 이동통신사가 통화채널을 자동으로 전환해 주는 기능을 말하며 특정 무선통신 구역에서 다른 무선 통신 구역으로 이동할때 통화가 끊기지 않게 함.
- CDMA 장점은 소프트 핸드오프기능에 의해 현재의 기지국이 관장하는 셀에서 다른 기지국의 셀로 넘어가는 경우 통화가 미세하게 끊어지는 현상이 없으나 TDMA/FDMA는 셀 바운더리에서 심하게 통화품질이 저하됨.

구분	내용
소프트 핸드오프 (Soft Handoff)	- 기존의 기지국과 통신을 단절시키지 않고 새로운 기지국과 통신을 개시하는 방식 - 동일한 주파수가 할당 된 CDMA채널 사이에서만 이루어짐 - 교환국 안에 있는 기지국과 기지국 사이에서 발생하는 핸드오프
소프터 핸드오프 (Softer Handoff)	- 소프트 핸드오프 안에서 일어나는 핸드오프 - 소프트 핸드오프가 기지국과 기지국 사이 즉 셀과 셀사이에서 일어나는 핸드오프라면 소프터 핸드오프는 셀안의 섹터와 섹터 사이에서 일어나는 핸드오프 - 소프터 핸드오프 시에는 양쪽 섹터에서 전력을 제어하게 되므로 자른 페이딩에 의한 경로 손실 차이가 완화 되는게 특징임
하드 핸드오프 (Hard Handoff)	- 하드 핸드오프는 할당받는 주파수가 서로 다를 때나 교환기와 교환기 간에 수행되는 핸드오프 - 핸드오프시 순간적으로 신호가 단절되었다가 다시 연결되는게 특징임
액세스 핸드오프	- 액세스 핸드오프는 이동단말기가 위치 설정 과정중 다른 셀로 이동 했을때 발생하는 핸드오프

8) BcN (Broadband Convergence Network: 광대역통합망)
- 통신, 방송, 인터넷이 융합된 품질 보장형 광대역 멀티미디어 서비스를 언제 어디서나 끊

김 없이 안전하게 광대역으로 이용할 수 있는 차세대 통합 네트워크임

① 음성 · 데이터, 유 · 무선, 통신 · 방송 융합형 멀티미디어서비스를 언제 어디서나 편리하게 이용할 수 있는 서비스 통합망

② 다양한 서비스를 이용하게 개발 · 제공할 수 있는 개방형 플랫폼(Open API) 기반의 통신망

③ 보안(Security), 품질보장(QoS), IPv6가 지원되는 통신망

④ N/W, 단말에 구애 받지 않고 다양한 서비스를 끊김 없이(Seamless) 이용할 수 있는 유비쿼터스 서비스 환경을 지원하는 통신망을 의미함

9) 홈네트워크 미들웨어

9-1) UPnP(Universal Plug and Play)

- UPnP는 정보가전이나, 무선기기, PC 등 모든 종류의 기기들을 연결하는 네트워크 구조로 홈이나 작은 사무실과 같이 관리자가 없는 네트워크에서 사용자의 작업 없이 쉽게 표준화된 방법으로 기기간의 연결이나 인터넷으로의 연결을 제공함.

- UPnP는 기존 PC에서 디바이스를 제어하던 Plug and Play 개념을 확장하여 사용자에게 어떤 작업도 요구하지 않고 기기를 네트워크에 접속할수 있으므로 기기는 언제든지 네트워크에 접속시킬 수 있고 IP 주소나 기능 등을 네트워크에 연결된 다른 기기들에게 알려줄 수 있음.

- 네트워크에서 빠져나올 때도 다른 기기에 영향을 주지 않고 연결을 해지할 수 있으며 마이크로소프트사가 주도하는 표준화 단체로서 홈 네트워크의 미들웨어 분야에서 구현 및 표준화 속도가 빠르고, 멤버도 급속도로 늘어나고 있음.

9-2) Jini

- Jini는 선 마이크로시스템사에서 개발한 미들웨어로서 Java를 기반으로 하며 JVM(Java Virtual Machine)위에서 동작하기 때문에 운영체제나 기타 하드웨어 플랫폼에 무관하게 동작하게 됨.

- Jini도 UPnP처럼 네트워크 미디어에 관계없이 JVM 만 있으면 동작이 가능하며 Plug and Play를 지원하며 Jini는 JVM을 사용하는 분산 환경에 알맞게 제안된 미들웨어

- UPnP가 마이크로소프트의 주도로 표준화되고 있기 때문에 많은 사람들이 윈도우 환경에 제한될 수 있다는 우려를 가지고 있는 반면 JVM은 이미 여러 플랫폼에서 사용되고 있기 때문에 어떤 플랫폼으로 정할 수 없는 홈 네트워크에는 Jini가 더 알맞은 미들웨어라는 인식도 있음.

9-3) HAVi(Home Audio Vidio interoperability)

- UPnP나 Jini와는 달리 HAVi는 가전회사에서 시작된 홈 네트워크용 미들웨어로 HAVi의 특징은 우선 하부 네트워크 모듈이 IEEE 1394로 제한된다는 점임.

- IEEE1394는 A/V 정보를 전송하기 위해 제안되었고, 따라서 많은 가전회사들이 이것을 지원하는 제품들을 이미 시장에 내놓고 있으며 HAVi는 이러한 A/V기기들을 하나로 묶는 홈 네트워크 기능을 제안
- 또 IP 기반이 아닌 것도 HAVi의 특징이며 HAVi는 디바이스들을 IEEE1394에서 제공하는 노드 ID를 사용하여 관리하기 때문에 IP를 지원하지 않으며 인터넷과의 연동을 위해서는 다른 방법을 사용해야함 HAVi에서는 IEEE 1394에서 지원하는 버스 리셋과 노드 어드레싱을 사용하여 hot pluging 과 Plug and Play를 지원하고 있으며 IEEE 1394 버스에 디바이스가 연결되거나 해지될 경우에는 항상 버스 리셋이 일어나게 됨.
- 버스 리셋이 발생하면 버스에 연결된 모든 노드의 ID가 없어지고 새로운 ID를 노드간의 메시지를 통해 할당받게 되며 이 방법을 사용하여 Hot Plug and Play를 지원함.

9-4) OSGi (Open Service Gateway Initiative)

- OSGi는 홈 네트워크에서의 게이트웨이에 관한 표준화 단체이며 가장 많이 이야기되고 있는 내용이다. 이 단체의 역할은 미들웨어라기 보다는 미들웨어와 응용 프로그램간의 API를 정의하는데 목적이 있음.
- 현재 미들웨어에 대해서는 Jini나 UPnP, 혹은 HAVi 등이 논의되고 있으며 각각의 목표와 내용이 다르기 때문에 응용 프로그램을 구현하는 입장에서는 어떤 특정한 미들웨어를 선택할 수도 없는 입장이며 OSGi는 이러한 여러가지 미들웨어와 응용 프로그램을 분리할 수 있는 역할을 담당하고자 만들어진 단체임.

10) IPTV

- IPTV는 QoS가 보장된 광대역 IP 네트워크와 IP-STB, 표준 TV 수상기를 통해서 양방향 TV 서비스를 포함한 디지털 방송/통신 융합 서비스 제공을 의미함.
- IPTV 시스템의 기본 구성은 플랫폼(HeadEnd), IP 네트워크, 단말장비이며 Triple Play의 서비스를 제공할 수 있는 장비로 구성함.

10-1) 미디어포맷기술

구분	H.264	VC-1
개요	- 객체기반 고품질 고압축 미디어 포맷-ISO 및 ITU 표준(2003.3)	- MS의 Windows Media 9을 방송용도로 변경
특징	- 압축표준: Open Source로 iTV, 데이터방송 확장용이, 기존 MPEG2 방송시스템과 호환성우수 - 전송표준: MPEG2 TS - 압축률: SD 1~2Mbps, HD 5~7Mbps - 채널변경시간: 1~2초	- 압축표준: WMT-9 압축코덱으로MS-TV2 및 MS-DRM과호환성우수,Home Networking에장점 - 전송표준: MPEG2 TS - 압축률: SD 1~2Mbps, HD 5~7Mbps - 채널변경시간: N/A (WMT-9의경우, 5~7초)

10-2) 보안솔루션기술

구분	CAS	DRM
개요	– 수신자격이 있는 인증된 사용자만이 특정프로그램을수신할수있도록통제	– 암호화기술을 이용, 디지털 콘텐츠의 불법복제 및 유통을 방지
특징	– 암호화방식 : 다단계키 또는 알고리즘 – 부가기능 : 다양한 서비스 패키지 구성가능, 유연한 시청 권한제어(특정지역에만, 특정 지역만 제외), 스마트카드를 이용한 실시간 인증	– 암호화방식 : 일반적으로1개의License key로암복호화 – 부가기능 : 시스템 자체적으로 제공 가능한 부가 기능 미약
장단점	장점 : 다양한 형태의 비즈니스모델수용가능, H/W 및 S/W방식의 이중암호화 적용으로 보안성 우수, 검증된 보안시스템으로 디지털 방송 콘텐츠 확보 용이 단점 : 비용고가	장점 : 콘텐츠 접근 및 배포 등에 대한 권한 제어 우수, 솔루션 비용저가 단점 : S/W 방식의 단일 암호화 적용으로 보안 성 취약, Real-time Encryption 적용기술에 대한 안정성 미확보

10-3) 데이터방송용미들웨어기술등

구분	ACAP	DVB–MHP	OCAP
표준화단체	ATSC	DVB	Cablelabs
지원가능 네트워크	지상파(위성,케이블)	위성(지상파,케이블)	케이블
기술기반	Java TV,GEM,Havi		

11) Shannon의 공식

채널용량과 대역폭은 선형 비례관계에 있으며 신호대 잡음은 로그함수에 의해 일차함수로 증가한다고 볼수는 없으나 비례관계에 있음.

관련하여 Shannon-Hartley' s law 는 채널의 최대 용량을 정의한 법칙임.

> 채널용량 $C = B\log(1 + S/N)$

여기서 C 는 capacity(용량), B 는 bandwidth, S/N 은 signal to noise ratio 이며 이상적인 상황에서 채널은 무한대의 용량을 가지고 통신을 할 수 있겠지만 노이즈가 있기 때문에 실제 채널의 최대 용량은 위의 공식이 적용 됨.

보내는 신호의 파워가 노이즈의 파워보다 크면 클 수록 그리고 채널의 대역폭(bandwidth)이 커야 정해진 시간내에 많은 정보를 주고받으며 컴퓨터 네트워크에서의 적용을 보면 채널의 대역폭이 B Hz 일때 초당 최대 전송비트수(bps)는 $B\log(1+S/N)$

2004년 77번

다음의 데이터 교환방식인 회선교환방식과 패킷교환방식에 관한 설명 중 <u>틀린 것은?</u>

① 회선교환방식은 하나의 경로를 점유하나 패킷교환방식은 하나의 경로를 점유하지 않는다.
② 회선교환방식에서는 통신망 전체를 이용하나 패킷교환방식중 가상회선 방식은 통신망전체를, 데이터그램방식은 교환기 주변의 지역정보만을 이용한다.
③ 회선교환방식은 경로설정 지연이 발생하나 패킷교환방식은 패킷전송지연이 발생한다.
④ 회선교환 방식과 패킷교환방식 모두 전송대역폭은 고정되어 있다.

● 해설 : ④번

패킷 교환방식은 작은 블록의 패킷으로 데이터를 전송하며 데이터를 전송하는 동안만 네트워크 자원을 사용하도록 하는 방법으로 주어진 네트워크 환경에 따라 전송대역폭이 가변적임.

● 관련지식 ●●

• 네트워크 교환망의 종류와 기능
 1) 회선교환 : 발신자와 수신자 간에 독립적이며 동시에 폐쇄적인 통신연결로 구성되며 안정적인 통신을 제공하나 통신 연결이 늘 보장되지는 못함(ex. 전화망)
 2) 패킷교환 : 작은 블록의 패킷으로 데이터를 전송하며 데이터를 전송하는 동안만 네트워크 자원을 사용하도록 하는 방법으로 전송효율은 높지만 전송 지연이 발생됨(ex. 인터넷)

다음은 어떤 전송방식을 설명하고 있는가?

> 모든 중계노드에서 오류복구를 생략하여 망에서는 전송된 데이터의 단순한 전달 기능
> 만을 수행함으로써 고속 데이터 전송이 가능하도록 하는 기술

① 프레임교환(Frame Switching)
② 프레임중계(Frame Relay)
③ 고속패킷교환(Fast Packet Switching)
④ 고속회선교환(Fast Circuit Switching)

● **해설 :** ②번

프레임 릴레이는 기존의 X.25의 패킷 전송 기술을 고속 데이터 통신에 적합하도록 개선한 것으로 순서제어, 저장 후 전송, 에러 복구 등의 처리 절차를 생략하는 등의 데이터 처리 절차를 단순화시킴으로써 성능을 향상시킴.

● **관련지식** ●

• 프레임 릴레이(Frame Relay)
프레임 릴레이는 통계적 다중화 방식의 효율성과 회선교환방식의 장점인 고속 전송의 특성을 결합한 것으로 순서제어, 저장 후 전송, 에러 복구 등의 처리 절차를 생략하는 등 데이터 처리 절차를 단순화시킴으로써 성능을 향상시킴.

프레임 릴레이는 광대역 종합정보통신망인 ATM의 전 단계 고속 정보 교환 방식이라고 할 수 있음.

• 프레임의 구조

Flag	Address Field	Information Field(최대 4098Bytes)	FCS	Flag

프레임 릴레이의 기본 프로토콜은 제어 프레임이 없기 때문에 에러 제어 및 흐름 제어의 기능 없이 사용자의 데이터만을 전송하게 됨.

X.25 → FrameRelay → ATM → MPLS로 발전

다음 설명에 해당하는 것은?

> 모든 사물에 전자태그를 부착하여 사물과 환경을 인식하고, 네트워크를 통해 실시간 정보를 구축, 활용토록 하는 것

① 유비쿼터스 센서 네트워크(USN, Ubiquitous Sensor Network)
② 광대역통합망(BcN, Broadband convergence Network)
③ 가상사설망(VPN, Virtual Private Network)
④ 컨텐츠 전송 네트워크(CDN, Contents Delivery Network)

● 해설 : ①번

● 관련지식 •••

• 유비쿼터스 센서 네트워크(USN, Ubiquitous Sensor network)
  사물에 부착한 RFID 전자 태그 및 센서로부터 정보를 실시간으로 수집하여 처리하는 네트워크

구분	내용
응용 서비스	물류, 유통, 환경, 방재, 교통 등의 서비스 제공 기술
미들 웨어	– 서비스 플랫폼 : 서비스 Orchestration 기술, USN 디렉토리 서비스 기술, Open API 기술 – 센서 네트워크 지능화 : 센서 정보 통합 관리 기술, 지능형 이벤트 관리 기술, 상황 인지 관리 기술 – 센서 네트워크 추상화 : 센서 네트워크 공통 인터페이스 기술, 센서 네트워크 자율형 모니터링 기술
센서 네트워크	– 센싱 정보 전송 : Ad-hoc Routing기술, Zigbee, Low Rate UWB, IEEE802.15.4(WPAN) – 센서 네트워크 보안 : Tiny PKI, 타원곡선 암호화 알고리즘
(태그 부착)노드	Chip, Antenna, Connector, 센서 OS

• 광대역통합망(BcN, Broadband convergence Network)
  – 음성과 데이터, 유선과 무선, 통신과 방송의 융합형 멀티미디어 서비스를 시간과 장소에 관계없이 이용할 수 있는 차세대 통합 네트워크
  – 기존의 ATM/Frame Relay / IP 망을 MPLS를 기반으로 통합하여 All-IP 환경을 제공하며 향상된 QoS 및 망 제어 기술을 활용하여 다양한 상용의 기업형 서비스 제공을 가능하게 하는 통합 망

저전력, 저속의 가정용 무선 PAN(Personal Area Network) 규격으로 HomeRF와 IEEE 802.15.4를 혼합한 구조를 무엇이라고 하는가?

① Mobile Ad-hoc network ② Zigbee
③ UWB(Ultra-Wide Band)   ④ Bluetooth

● 해설 : ②번

● 관련지식 ···

- Zigbee
  초소형, 사용의 용이성, 저가, 저전력 및 저속의 무선 센서 네트워크(WPAN 등)를 구축하여 유비쿼터스 환경을 지원하기 위한 기술

- 무선 PAN기술의 비교

구분	무선랜	Bluetooth	Zigbee(Low Rate)	UWB(High Late)
표준	802.11	802.15.1	802.15.4	802.15.3a
주파수	2.4/5GHz	2.4GHz	2.4GHz	5.1~10.6Ghz
변조	DSSS	FHSS	DSSS	베이스밴드(무변조)
속도	11Mbps	1~10Mbps	20~250Kbps	100~500Mbps
거리	점대다점	Pico-net, scatter-net	Ad-Hoc, Star, Mesh	점대다점

다음 중 J2ME(Java 2 Micro Edition)와 관련된 설명으로 옳은 것은?

① J2ME는 일반적인 데스크탑 애플리케이션 개발을 위한 플랫폼이다.
② J2ME 응용프로그램 실행을 위한 최적화된 버츄얼머신(Virtual Machine)은 JVM(Java Virtual Machine)이다.
③ J2ME는 WAP(Wireless Access Protocol)을 지원하기 위한 것으로 NTT DoCoMo의 I-Mode 는 지원하지 않는다.
④ CLDC(Connected Limited Device Configuration)는 J2ME Configuration Layer의 핵심 요소 중 하나이다.

● 해설 : ④번

● 관련지식 ●●●

- J2ME
  - J2ME는 소형기기에 적합한 플랫폼이고 일반적인 데스크탑 애플리케이션은 J2SE(Standard Edition)나 J2EE(Enterprise Edition)를 사용함.
  - WAP은 무선단말기와 기지국간의 무선 전파환경에서 데이터를 효율적으로 전송할 수 있는 프로토콜로 HTML을 WML로 전환하여 이동전화로 전송하거나 수신하는 데 활용되며 i-mode는 WAP과 경쟁하는 기술이며 i-mode에서 다운받아 사용하는 서비스인 i-appli는 J2ME로 개발됨.
  - CLDC(Connected Limited Device Configuration)는 소형기기의 메모리, 전원, 네트워크 대역폭 등이 극히 제약적인 디바이스를 위한 Configuration이며 자바언어의 기본특징을 가지고 있음.
  - 부동소수점을 지원하지 않고 간소화된 예외처리와 가상머신을 포함한다는 특징이 있음
  - J2ME에 최적화된 버츄얼 머신은 JVM이 아닌 KVM이며 KVM은 부동소수점을 지원하지 않고 사용자 정의 클래스 로더를 사용할 수 없으며 Finalization/ThreadGroup/Deamon Thread/Reflection 패키지를 지원하지 않음.

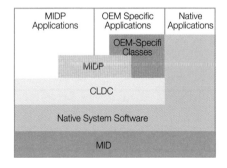

다음 무선 랜(LAN) 기술을 위한 802.11 표준과 관련된 설명 중 **틀린 것은?**

① 802.11 표준은 802.11a, 802.11b, 802.11d, 802.11g 등이 있다.
② 802.11b, 802.11a와 802.11g는 모두 CSMA/CA라는 동일한 매체 액세스 프로토콜을 사용한다.
③ 802.11g의 데이터 전송속도는 11Mbps로 광대역 케이블이나 DSL 인터넷액세스를 지닌 대부분의 홈 네트워크에서 필요로 하는 것보다 빠르다.
④ 802.11a는 고주파에서 동작하므로 전력 수준이 동일할 경우 전송 거리가 더 짧고 다중경로 전파의 영향을 더 많이 받는다.

● 해설 : ③번

802.11g의 데이터 전송속도는 54Mbps 로 광대역 케이블이나 DSL 인터넷 액세스를 지닌 대부분의 홈 네트워크에서 필요로 하는 것보다 빠름.

● 관련지식 ••

• 무선랜 표준의 비교

구분	802.11a	802.11b(Wi-Fi)	802.11g
반송파주파수	5GHz	2.4GHz	2.4GHz
변조방식	OFDM	DSSS	OFDM
최대전송속도	54Mbps	11Mbps	54Mbps
매체접근제어	CSMA/CA	CSMA/CA	CSMA/CA
QoS지원	우수	보통	우수

다음의 네트워크 서비스 중에서 오버레이 네트워크(Overlay Network)의 개념을 활용한 것과 거리가 먼 것은?

① URL을 인식하는 스위치 기반의 HTTP 전달 서비스
② MBone(Multicast Backbone) 기반의 화상 회의 서비스
③ 비트토렌트(BitTorrent) 기반의 파일 공유 서비스
④ Telnet 기반의 원격 터미널 연결 서비스

● 해설 : ④번

　Telnet : 원격에서 서버관리를 위해 사용되는 TCP기반의 프로그램

● 관련지식 ●●●

• Overlay Network
　물리적인 실체들에 의해 형성된 토폴로지 위에 가상의 토폴로지를 구성하는 네트워크

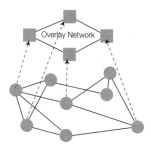

• 오보레이 네트워크의 구성요소

DHT(Distributed Hash Table)	분산 컴퓨팅의 안전한 Lookup매카니즘을 제공하는 저장기술 각 노드의 Identifier분산 저장
Identifier	해쉬함수를 이용하여 Location Key와 Item key생성
오버레이 노드	DHT 이용 Locator 정보 제공
BN(Base Node)	노드들간의 연결역할

CDMA 이동통신 시스템에서는 통화 중 통화단절을 방지하기 위하여 핸드오프 기능을 이용한다. 도심의 기지국은 3개의 섹터로 구성하며, 각 섹터는 동일 주파수의 하드웨어로 구성되는데 한 기지국의 두 섹터 간 통화가 연결될 수 있도록 하는 핸드오프 기능은?

① 소프트 핸드오프(Soft Handoff)
② 소프터 핸드오프(Softer Handoff)
③ 주파수간 하드 핸드오프(Frequency Hard Handoff)
④ 교환기간 하드 핸드오프(MSC Hard Handoff)

● 해설 : ②번

● 관련지식 ●●

• CDMA Handoff
  – 핸드오프는 이동통신사가 통화채널을 자동으로 전환해 주는 기능을 말하며 특정 무선통신 구역에서 다른 무선 통신 구역으로 이동할 때 통화가 끊기지 않게 함.
  – CDMA 장점은 소프트 핸드오프기능에 의해 현재의 기지국이 관장하는 셀에서 다른 기지국의 셀로 넘어가는 경우 통화가 미세하게 끊어지는 현상이 없으나 TDMA/FDMA는 셀 바운더리에서 심하게 통화품질이 저하됨.
  – 소프터 핸드오프는 동일 기지국 내의 섹터간 이동 시 일어나는 핸드오프로 일반적으로 도심의 기지국은 3섹터로 되어 있으며 각 섹터는 주파수는 같아도 시스템은 별도로 동작하게 되며 섹터가 겹치는 구간에서 통화가 일어나면 섹터간 핸드오프가 동작하게 됨.

구분	내용
소프트 핸드오프 (Soft Handoff)	– 기존의 기지국과 통신을 단절시키지 않고 새로운 기지국과 통신을 개시하는 방식 – 동일한 주파수가 할당 된 CDMA채널 사이에서만 이루어짐 – 교환국 안에 있는 기지국과 기지국 사이에서 발생하는 핸드오프
소프터 핸드오프 (Softer Handoff)	– 소프트 핸드오프 안에서 일어나는 핸드오프 – 소프트 핸드오프가 기지국과 기지국 사이 즉 셀과 셀사이에서 일어나는 핸드오프라면 소프터 핸드오프는 셀안의 섹터와 섹터 사이에서 일어나는 핸드오프 – 소프터 핸드오프 시에는 양쪽 섹터에서 전력을 제어하게 되므로 자른 페이딩에 의한 경로 손실 차이가 완화 되는게 특징임
하드 핸드오프 (Hard Handoff)	– 하드 핸드오프는 할당받는 주파수가 서로 다를 때나 교환기와 교환기 간에 수행되는 핸드오프 – 핸드오프시 순간적으로 신호가 단절되었다가 다시 연결되는게 특징
액세스 핸드오프	– 액세스 핸드오프는 이동단말기가 위치 설정 과정중 다른 셀로 이동 했을때 발생하는 핸드오프

Shannon의 채널 용량이론은 전송률을 나타내는 채널용량, 전송에 이용되는 대역폭, 그리고 신호대 잡음비(SNR) 간의 관계를 규정하고 있다. 다음 중 각각의 관계에 대하여 맞게 설명한 것은?

① 대역폭이 증가하면 채널용량은 감소하게 된다.
② 신호대 잡음비가 증가하면 일차함수 형태로 채널용량이 증가하게 된다.
③ 채널용량은 대역폭이 증가하면 일차함수 형태로 증가한다.
④ 채널용량과 신호대 잡음비는 관계가 없다.

● 해설 : ③번

● 관련지식 ●●●

• Shannon의 공식
  – 채널용량과 대역폭은 선형 비례관계에 있으며 신호대 잡음은 로그함수에 의해 일차함수로 증가한다고 볼수는 없으나 비례관계에 있음.
  – 관련하여 Shannon-Hartley's law 는 채널의 최대 용량을 정의한 법칙임.

채널용량 C = Blog(1 + S/N)

  – 여기서 C 는 capacity(용량), B 는 bandwidth, S/N 은 signal to noise ratio이며 이상적인 상황에서 채널은 무한대의 용량을 가지고 통신을 할 수 있겠지만 노이즈가 있기 때문에 실제 채널의 최대 용량은 위의 공식과 같이 됨.
  – 즉 보내는 신호의 파워가 노이즈의 파워보다 크면 클 수록 그리고 채널의 대역폭(bandwidth) 이 커야 정해진 시간내에 많은 정보를 주고받음.
  – 컴퓨터 네트워크에서의 적용을 보면 채널의 대역폭이 B Hz 일때 초당 최대 전송비트수(bps)는 Blog(1+S/N)

다음 중 IPTV 플랫폼에 대한 설명으로 가장 적절하지 <u>않은</u> 것은?

① 베이스밴드 시스템은 지상파,PP,위성 등의 송신 신호를 수신 Routine Switcher를 통해 방송신호를 분배 조작한다.
② 압축다중화 시스템은 수신된 영상 신호를 H.264로 압축하고 데이터 신호와 다중화한 후 암호화 및 IP 패킷화하여 전송한다.
③ 수신 제한 시스템(CAS)은 인증된 사용자에 한하여 채널 및 콘텐츠를 이용할 수 있도록 하는 시스템이다.
④ MOC(Media Operation Core) 시스템은 실시간 채널에 대한 암호화 및 VOD 콘텐츠의 사전 암호화를 수행한다.
⑤ 부가서비스 시스템은 T인터넷, T커머스,T커뮤니케이션,T게임 등의 각종 부가서비스를 구현한다.

● 해설 : ④번

MOC는 프로그램 편성, 컨텐츠 및 미디어관리 등 방송센터에서 각 시스템간의 정보흐름을 통합관리할 수 있는 조정자 역할을 수행하며 VoD 컨텐츠의 사전 암호화를 수행하는 기술요소는 CAS(수신제한시스템)의 역할임.

● 관련지식 ••

IPTV Head End 플랫폼 : 컨텐츠 수신,가공,송출,관리,보안,부가서비스 처리

구분	내용
수신 (베이스밴드)	지상파,PP,위성 등의 원 신호를 수신함 Routine Switcher를 통해 방송 신호들의 분배를 조작하며, 관제시스템을 통해 모니터링함
가공송출 (압축다중화)	수신된 영상신호를 H.264로 압축하고,데이터 신호와 다중화한 후 암호화(스크램블링) 및 IP 패킷화하여 전송함
보안 (수신제한시스템)	실시간 채널에 대한 암호화 및 VoD 컨텐츠의 사전 암호화를 수행하며 시청 권한권한을 제어함으로써 인증된 사용자에 한해 채널 및 컨텐츠를 이용할 수 있도록 하는 시스템
관리 (Media Operation : MOC)	방송센터의 중앙에서 각 시스템들과 유기적인 결합을 통해 정보 흐름을 통합관리하는 조정자 역할을 수행함 프로그램 편성,컨텐츠 및 미디어 관리, PP 및 CP와의 계약관리
부가서비스 (데이터방송 시스템)	T-Information, T-Commerce, T-Communication, T-Learning, T-Entertainment 등 각종 부가서비스 구성

C07. 컴퓨터 구조

▌시험출제 요약정리 ▌

1) 분산 시스템

네트워크를 통해 분산된 시스템의 자원을 공유하여 어플리케이션을 처리하는 시스템으로 원격지의 어플리케이션 혹은 데이터베이스, 기타 시스템 장비를 이용하여 하나의 트랜잭션이 처리되는 개념으로 6가지 투명성을 지원함.

구분	내용
위치(Location)	CPU, 파일, 입출력 장치, 프로그램, 데이터베이스 시스템 등의 하드웨어와 소프트웨어 자원이 어떤 컴퓨터에 있는지 알 필요가 없이 이용할 수 있음
이동(Migration)	자원을 어떤 컴퓨터에서 다른 컴퓨터로 이동하더라도 그것을 의식하지 않고, 사용자가 그 자원을 이용할 수 있음 예) 파일이 다른 컴퓨터로 이동되어도 사용자는 프로그램을 변경하지 않고 이용할 수 있음
중복 (Replication)	동일한 자원이 다수의 컴퓨터에 존재하고 있더라도 사용자에게는 하나의 자원으로 보임 예) 어떤 파일을 다수의 컴퓨터에 중복하여 배치 신뢰성 향상
이기종 (Heterogeneity)	분산 시스템이 다른 종류의 하드웨어와 소프트웨어로 구성되어 있더라도 사용자는 이들의 상이함을 의식하지 않고 이용할 수 있음
장애(Fault)	분산 시스템 내의 구성 요소(하드웨어, 소프트웨어)가 장애를 일으켜도 시스템으로서의 서비스를 제공할 수 있음
규모(Scale)	분산 시스템 내에 있는 구성 요소를 추가하거나 제거하는 등의 규모 변화에 대해서도 사용자는 이것을 의식하지 않고 시스템을 이용할 수 있음

2) 임베디드 시스템

특수한 목적을 수행하기 위하여 개발된 하드웨어(hardware)와 소프트웨어(software)가 결합된 컴퓨터

다양한 목적으로 사용되는 PC와 달리, 한 가지 또는 몇 가지 특수한 기능을 지원함.

① 임베디드 H/W : 프로세서/컨트롤러, 메모리, I/O 장치, 네트워크 장치, 센서, 구동기
② 임베디드 S/W : 운영체제, 시스템 S/W, 응용 S/W

3) 메모리

Memory	RAM	SDRAM
		DRAM
	ROM	Mask ROM
		PROM
		EPROM
		EEPROM
	FLASH	
	CACHE	

- 전원이 꺼진 상태에서도 데이터가 지워지지 않고 저장되는 비휘발성 메모리이며 플래시 메모리는 전기적으로 데이터를 지우고 재기록이 가능한 비휘발성 컴퓨터 기억 장치를 말함.
- EEPROM과 다르게 여러 구역으로 구성된 블록 안에서 지우고 쓰기가 가능하다. 플래시 메모리는 EEPROM 보다 비용이 덜 들기 때문에 어느 정도 중인 분량의 비휘발성인 고체 상태(solid-state) 저장매체가 필요한 경우 주로 사용됨.

4) 실시간 시스템

주어진 작업이 처리되어야 하는 마감시간(deadline)이 주어지고, 주어진 시간이 지켜져야 하는 엄격성에 따라서 세 가지 종류로 분류됨.

① 경성(hard) : 실시간 시스템 시스템이 주어진 마감시간을 만족시키지 못한 경우에 막대한 재산적 손실이나 인명의 피해를 주는 경우에 적용되는 시스템

② 연성(soft) : 실시간 시스템 온라인 트랜잭션 시스템과 같이 시간제약 조건을 만족시키지 못하더라도 경성의 경우처럼 치명적이지 않고 마감시간을 넘겨 수행을 마쳐도 계산의 결과가 의미가 있는 경우에 적용되는 시스템

③ 준경성(firm) : 실시간 시스템 경성과 연성의 중간 형태로 마감시간을 넘겨 수행을 마치는 것은 무의미한 경우로 시간 초과에 대한 손실이 치명적이지 않은 경우에 적용되는 시스템

5) 운영체제

① 사용자가 컴퓨터 하드웨어를 쉽게 다루기 위한 환경을 제공
예) 디스크 파일에 대한 정보를 출력하기 위해 파일의 주소, 디스크 컨트롤러 등을 직접 다루지 않음
② 하드웨어 자원이 효율적으로 사용될 수 있도록 관리
- 프로세서, 기억장치, 입/출력 장치 등을 공평하고 효율적으로 할당하고 관리

예) 기억 장소에 여러 개의 프로그램을 동시에 로드(load)
– 사용자 보호 및 운영 체제 자신의 보호

5-1) 운영 체제의 유형

– 일괄 처리(batch processing) : 작업 요청을 일정량 모아서 한꺼번에 처리. 초기 운영 체제의 형태. 비효율적 (작업이 완전 종료 될 때까지 기다리는 시간이 많음)
– 시분할 (time sharing) : 한 컴퓨터 시스템이 여러 작업을 수행할 때 컴퓨터 처리 능력을 시간별로 분할해서 사용
일괄 처리 시스템에 비해 짧은 응답 시간을 가짐. 대화식 (interactive) 예) UNIX
– 실시간(real time) : 정해진 시간 안에 어떠한 일이 반드시 종료되어야 하는 시스템 매우 빠른 입력, 처리 속도를 가짐. RTOS (Real Time OS)라고 부름. 특수 목적의 전용 프로그램을 항상 메모리에 적재하여 반복 수행
예) 증권 거래 관리 시스템, 은행 입출금 시스템, 미사일 제어, 우주선 비행 시스템 등의 운영 체제

5-2) 운영체제의 구성

– 커널 (Kernel, 좁은 의미의 운영체제) : OS의 핵심으로 부팅할 때 주기억장치에 로드되어 상주. 운영체제 중 자주 사용되는 부분을 커널로 구성. CPU 스케줄링, 인터럽트 처리 루틴, 시스템 자원을 관리하고 입출력기능 수행
– 서비스 : 필요할 때 보조 기억장치에서 주기억 장치로 로드되어 수행. 편리성 제공

Monolithic kernel		Microkernel	
User Space	Applications	**User Space**	Applications
	Libraries		Libraries
Kernel	File Systems		File Systems / Process Server / Pager / Drivers / ...
	Interprocess Communication		
	I/O and Device Management	**Kernel**	Microkernel
	Fundamental Process Management		
Hardware		Hardware	

5-3) 운영체제의 기능

구분	내용
프로그램 및 사용자 보호	– 각 사용자의 시스템 자원 사용을 통제 : A가 B의 파일 삭제 방지. 일반 사용자의 OS의 구성요소 제거 방지. 인증(authentication)과 권한부여(authorization) – 프로그램 상호간의 자원 사용 통제 : 잘못된 코드에 의한 자원의 비효율적인 사용 방지 – 다른 프로그램의 불법 접근으로부터 운영체제 보호. 저장 데이터 파괴, 프린터 출력 오류 – 프로그램은 운영체제의 시스템 콜(system call)을 통해서만 운영체제의 기능을 이용함 : OS는 시스템 호출을 검사하여 자원 사용에 문제가 없는지를 검사

구분	내용
입출력 관리	– 인터럽트(interrupt) : 운영 체제에게 특정한 서비스를 수행하도록 하는 사건 또는 오류 예) 출력 장치가 출력명령을 끝마칠 때, 입력 장치에 요구한 데이터가 준비된 경우, 0으로 나누게 될 때, 접근할 수 없는 기억장소 접근 시 인터럽트가 발생하면, OS는 수행 중이던 작업의 상태 (레지스터의 값, 수행 작업의 위치)를 기억시킨 후, 인터럽트를 처리 – 인터럽트 처리기 (interrupt handler) : 인터럽트의 종류에 따라 정의된 작업을 수행
주기억 장치 관리	– 주 기억 장치의 어느 부분이 어떤 프로그램에 의해 사용되고 있는가를 기록 – 프로그램 실행에 주 기억 장치가 필요할 때 할당하고 더 이상 필요하지 않게 될 때 회수되며, 여러 프로그램이 동시에 수행되므로, 주 기억 장치는 공유됨..다른 사람의 프로그램이나 OS 보호
CPU 관리	– 프로세스(process) : 실행중인 프로그램 – CPU는 한 순간에 하나의 프로세스를 수행하고 있음 – 여러 프로그램을 수행할 경우, CPU scheduling 필요 – CPU scheduling : FIFO, Round robin, Priority scheduling (실행시간의 추정치가 가장 작은 작업에 우선순위를 주는 경우를 생각 할 수 있음
파일 관리	– 여러 보조기억 장치마다 저장 및 읽기 방식이 다름 – OS는 보조기억 장치의 종류에 관계없이 응용 프로그램이 읽고 쓸 수 있는 방법을 제공해야 함 – 동일 접근 방식을 위한 파일 이름, 위치, 사용자 권한 등을 관리 – Create, Delete, Read, Write등과 같은 서비스를 시스템 콜에 의해서 제공
명령어 해석/수행	– 사용자의 명령을 받아들여 해당 서비스를 찾아서 수행시키는 프로그램, 사용자에 대한 운영 체제의 인터페이스 역할 – 커맨드라인 방식 : DOS : command.com, UNIX : shell, 명령어를 키보드를 통해 문자형태로 입력,사용자가 명령어들에 익숙해져야 함 – GUI (Graphical User Interface) 방식 : MS Windows, Mac OS,마우스를 통해 원하는 아이콘을 선택/실행,정확한 명령어를 몰라도 사용 가능

6) VLSI (very large-scale integration) : 초대규모 집적 회로

VLSI는 컴퓨터 마이크로칩의 소형화 수준을 가리키는 용어로서, 하나의 마이크로칩에 수십 만개, 즉 10⁴개 이상의 트랜지스터가 들어 있는 것을 의미함.

LSI (large-scale integration)는 수천 개의 트랜지스터가 들어있는 마이크로칩을 의미하며, 이전의, MSI (medium scale integration)는 수백 개의 트랜지스터가 들어있는 마이크로칩을, 그리고 SSI (small-scale integration)는 수십 개의 트랜지스터가 집적되어 있는 마이크로칩을 각각 의미함.

7) 컴파일러

한 언어로 쓰여진 프로그램(source program)을 읽어서 다른 언어로 된 의미가 같은 프로

그램(*target program*) 으로 번역해주는 프로그램

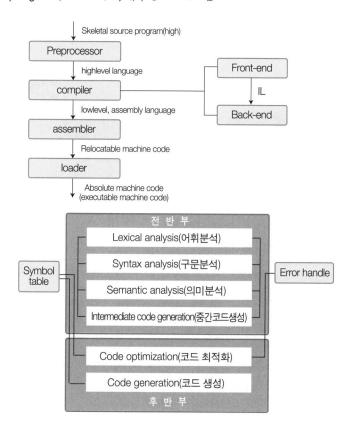

① *Lexical analysis* (어휘분석) : *source program*을 읽어서 문법의 최소단위인 *token* (토큰)을 생성하며 토큰(*token*)은 키워드, 연산자, 식별자, 상수를 의미함
   예) *A* := *B* + 3 : (*token*의 개수: 6개)
② *Syntax analysis* (구문분석) : *Token*을 읽어 오류를 검색하고 올바른 문장에 대한 구문 구조를 생성함.
③ *Semantic analysis* (의미분석) : *Type checking*(형검사)가 수행되며 각연산자가 원시 언어의 정의에 맞는 띠연산자를 가지는가를 검사함.
④ *Intermediate code generation* (중간코드생성) : 구문구조를 이용하여 코드생성 또는 문법규칙에 의해 생성함.
⑤ *Code optimization*(코드최적화) : 선택적 단계(공간적, 시간적 효율화를 위해서는 필수적)
⑥ *Code generation* (코드생성) : 목적 코드생성, *assemble language*, *machine code*

8) 프로세스

8-1) 프로세스 상태(Process State)

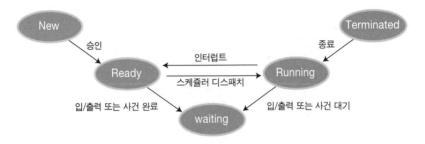

New	프로세스가 생성중
Running	명령어들이 실행중
Waiting	프로세스가 어떤 사건(입/출력 완료 또는 신호의 수신 같은)이 일어나기를 기다림
Ready	프로세스가 처리기에 할당되기를 기다림
Terminated	프로세스의 실행이 종료됨

– 한순간에 처리기 상에서는 오직 하나의 프로세스만이 실행된다.

8-2) 프로세스 스케줄링(Process Scheduling)

기법	알고리즘	설명
비선점	FCFS (First Come First Service)	– 선입선출 알고리즘 – 프로세스가 준비완료큐에 진입하면, 이 프로세스의 PCB를 큐의 맨 끝에 연결한다.
	SJF (Shortest Job First)	– 최단 작업 우선 알고리즘 – 준비완료큐의 프로세스들 중작업시간이 가장 짧은 순서대로 CPU에 할당 (Starvation 발생 가능)
	HRN (Highest Response Ratio Next)	– 대기중인 프로세스 중 현재 Response Ratio가 가장 높은 프로세스를 CPU에 할당 – Response Ratio = (대기시간 + 서비스시간) / 서비스 시간 – 짧은 작업이나 대기시간이 긴 작업은 우선순위가 높아짐
	우선순위 (Priority Scheduling)	– 각 프로세스에게 주어진 우선순위에 따라 CPU 할당 – 우선순위가 낮은 프로세스는 Stavation 발생 (Aging 기법으로 해결 가능 : 시간이 지나면서 우선순위 올라감)
선점	Round Robin	– 대화식 시분할 시스템을 위해 설계 – ready queue에서 FCFS방식으로 dispatch되며, 각 프로세스에 대한 CPU 사용시간은 time slice 또는 time quantum이라는 작은 시간단위로 운영됨

기법	알고리즘	설명
선점	SRT (Short Remaining Time)	– 준비큐에서 가장 짧은 시간이 소요되는 프로세스를 먼저 CPU에 할당
	선점 다단계 큐(Multi Level Queue)	– 작업을 여러개의 그룹으로 나누어 프로세스의 종류별로 이용
	다단계 피드백 큐 (Multi Level Feedback Queue)	– 여러개의 대기큐를 두고 각 큐마다 우선순위와 할당시간을 달리하는 방식 – 최상위큐은 우선순위 높고 할당시간 적음 – 프로세스가 처음 대기큐에서 CPU에 할당되어 할당시간만큼 CPU이용, 할당시간내에 작업이 끝나지 않으면 다음 레벨의 큐에서 대기 – 이렇게 한단계씩 낮은 레벨의 큐로 이동하며 가장 낮은 대기큐는 FCFS 방식으로 처리됨

8-3) 교착상태(Deadlock)

- Multi Processing 환경에서 다수의 프로세스가 특정 자원의 할당을 무한정 기다리고 있는 상태
- 교착상태에 있는 프로세스들은 결코 실행을 끝낼 수 없으며, 시스템 자원이 묶여 있어서 다른 작업을 시작하는 것도 불가능함.
- 프로세스 A는 자원 1을 점유하고 있는 상태에서 자원 2를 요청하고, 할당 대기 상태임.
- 프로세스 B는 자원 2을 점유하고 있는 상태에서 자원 1를 요청하고, 할당 대기 상태임.

구분	내용
상호배제 (Mutal Exclusive)	– 프로세스들이 자원을 배타적으로 점유하여 다른 프로세스가 그 자원을 사용하지 못함
점유와 대기 (Block & Wait)	– 프로세스가 어떤 자원을 할당 받아 점유하고 있으면서 다른 자원을 요구
비 선점 (Non preemption)	– 프로세스에 할당된 자원은 사용이 끝날 때까지 강제로 빼앗을 수 없으며 점유하고 있는 프로세스 자신만이 해제 가능

구분	내용
순환대기 (Circular wait)	– 프로세스간 자원 요구가 하나의 원형을 구성

9) 세마포어(Semaphore)

- 교착상태 상호배제를 위한 구현방법으로 다중 프로그래밍 환경에서 임계영역이 한 순간
  에 반드시 하나의 프로세스에 의하여 접근되어야 하는 상호배제 원리를 지키기위한 방법
  ① 최초 S 값은 1
  ② P(S)를 먼저 수행하는 프로세스가 S=0으로 설정후 Critical Section에 진입
  ③ 나중에 도착한 프로세스는 P에서 더이상 진행하지 못하고 대기
  ④ 먼저 들어갔던 프로세스가 V(S)를 수행하면 P(S)에서 대기하고 있던 프로세스가
     Critical Secction에 진입

구분	내용
이진 세마포어 (Binary Semaphore)	– 세마포어 변수가 0과 1의 두개의 값만 가짐
블럭킹 세마포어 (Blocking Semaphore)	– 세마포어 변수가 0으로 초기화된 이진 세마포어
계수 세마포어 (Counting Semaphore)	– 세마포어 변수가 0이상 정수값을 가질수 있음 – 생산자와 소비자 문제 해결 – S의 초기값을 "N"으로하면 N개 프로세스 통과 가능

10) Event Count / Sequencer

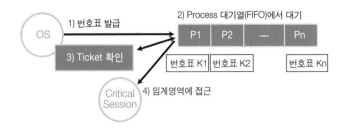

- 은행처럼 순차적인 번호를 프로세스에 발급하여 병행 제어

- 은행의 서비스 순서가 기재된 Ticket과 같은 형태로 프로세스들 간의 동기화 수행
  ① 프로세스가 순번을 증가시킨 번호표를 발급 받음
  ② 운영체제가 실행 허가하는 순번이 될 때까지 대기
  ③ 이전 프로세스에 의해 자원 해지되면 순번 호출 & 검사
  ④ 임계영역에 접근하여 작업 수행

기출문제 풀이

사용자로부터 자주 사용되는 컨텐츠에 대해서 Proxy서버를 설치하여 인터넷 트래픽량을 줄이고 속도를 빠르게 하는 방식은?

① Web Caching   ② Peer-to-Peer File sharing
③ NAT (Network Address Translation)   ④ CDN (Content Delivery Network)

● 해설 : ①번
- Peer-to-Peer File sharing : 인터넷에서 개인과 개인이 직접 연결되어 파일을 공유하는 것
- NAT(Network Address Translation) : 사설 IP주소를 공인 IP주소로 바꿔주는데 사용하는 통신망의 주소 변환기
- CDN : 각 인터넷 정보 제공자(ISP)의 네트워크 하단에 여러 대의 캐시 서버로 구성된 서버 팜을 구축, CP가 제공하는 콘텐츠를 캐시 서버에 미리 배치함으로써 사용자가 구내망을 통해 콘텐츠에 접근하도록 하는 솔루션

● 관련지식 ••

• Proxy Server
- 보안과 캐시를 목적으로 설치한 서버
- 외부 사이트에서 한 번 가져온 데이터를 저장해 뒀다가 다음 요구 시 빠르게 처리함
- 보안을 위해 네트워크 외부와 차단하고, Proxy를 통해 서비스의 접속 유무를 체크

구분	내용
방화벽 기능	- 패킷 필터링, 응용계층 게이트웨이, 스크린 라우터, 베스천 호스트, 이중 네트워크 호스트, 스크린 호스트 게이트웨이, 스크린 서브넷
캐싱 기능	- Proxy caching, Transparent caching ,Transparent Proxy Caching with Web Cache Redirection

• Proxy 서버의 종류

구분	내용
Forward Proxy	- 클라이언트 호스트들과 접근하고자 하는 원격 리소스 사이에 서버 위치 - 원격 서버로부터 요청된 리소스를 가져와서 요청한 사용자에게 되돌려 주는 역할 - 만약 캐시에 데이터가 있으면 다음 요청시 캐시에서 데이터 전송
Reverse Proxy	- 프록시 서버를 인터넷 리소스 또는 인트라넷 리소스 앞에 위치시키는 방식 - 클라이언트들은 프록시 서버에 연결된 것을 인식하지 못하며, 최종 사용자가 직접 접근하는 효과 제공 - Proxy서버는 부하조절 기능 제공

여러 사용자가 동일한 컨텐츠를 짧은 시간 차이로 자주 요청할 경우에는 캐쉬를 사용하면 효과적이다. A회사에서는 사내망에 캐쉬 서버를 한 대 설치하고 이를 거쳐서 인터넷을 연결하도록 조치하였다. 다음 중 캐쉬로 인하여 얻을 수 있는 이익이 <u>아닌 것은?</u>

① A회사 전산팀 : 사내망의 사용량이 절감
② A회사 회계팀 : ISP에 지불할 인터넷 사용료 절감
③ 인터넷 정보제공자 : 서버의 부담 절감
④ A회사 사용자 : 사용자 응답시간의 단축

● 해설 : ①번

사내망은 캐쉬 서버 도입전의 트래픽과 동일하다. 외부 서비스 서버와 캐쉬 서버간의 트래픽이 감소됨.

● 관련지식 ●●

• 캐쉬 서버
 − 캐쉬 기능을 인터넷에 응용한 기술
 − 사용자들이 자주 요청할 만한 웹페이지나, FTP 및 기타 다른 파일들을 저장하고 있다가 쉽게 검색하고 조회할 수 있도록 하는 임시보관 서버

• 캐쉬 서버의 종류

구분	Forward Cache	Reverse Cache
적용	− 이용자 그룹 − WAN 구간에 Front−End로 설치	− 인터넷 서비스 제공 업체 − WAN구간과 Web Server사이 설치
서비스 방법	내부 이용자들이 원하는 Web정보를 보관 후 Request가 있는 경우 실제 Server가 아닌 Local에서 정보 제공	변화가 많지 않은 Image 파일이나 Text 파일을 Cache Server에서 제공하여 Web Server의 로드를 줄임
특징	− Wan 구간의 트래픽이 감소 − Web이용자에게 보다 빠른 응답처리 − 저장장치 용량이 클수록 유리함	− 동일 web server로 서비스 성능 향상 − Web Server를 확장하는 것보다 유지 관리면에서 유리함

최근 물류, 유통 등의 분야에서 활용되고 있는 RFID(Radio Frequency Identification)에 대한 설명 중 틀린 것은?

① RFID 태그는 칩과 안테나로 구성되고 칩에는 사물의 유일한 식별코드와 정보를 저장한다.
② 능동형(Active) 태그는 동작하는 범위가 넓으며 반영구적으로 사용할 수 있다.
③ RFID Reader는 직접 태그와 통신하며 태그의 정보를 읽어 미들웨어로 전송하는 기기로 다양한 주파수 대역을 활용한다.
④ PML(Physical Markup Language)은 물체의 특성, 생산공정과 환경 등 물체와 관련된 정보를 기술하는 표준언어이다.

● 해설 : ②번

능동형(Active)태그는 자체 배터리을 가지고 있어 전력 소모 이후에 사용 불가

● 관련지식 ···

• RFID
  라디오주파수를 이용한 무선 인터페이스를 통하여 사물의 정보를 원격으로 주고 받을 수 있는 기술
• RFID태그의 유형 (배터리 내장 유무)

	능동식(Active)	수동형(Passive)
특징	– 태그에서 자체 RF신호 송신 가능 – 배터리에서 전원 공급	– 판독기의 신호를 변형 반사 – 판독기의 전파 신호로 전원 공급
장점	– 장거리(3M)이상 전송가능 – 센서와 결합 가능	– 배터리 없으므로 저가격 구현 가능 – 배터리 교체 비용 없음
단점	– 배터리에 의한 가격 상승 – 동작시간 제한	– 장거리 전송 제한 – 센서 류의 모듈 추가 제한
적용분야	환경 감시, 군수, 의료, 과학 분야	물류 관리, 교통, 보안, 전자 상거래 분야

• 주파수 대역에 따른 분류

구분	내용
Low(150Khz이하)	가장 먼저 도입된 주파수며, 리딩거리가 짧고 anti-collision기능이 없음 주로 출입통제, 동물인식 등에 활용되고 있으며 자동차 키용으로 많이 판매

구분	내용
13.56Mhz	스마트 카드와 동일 주파수로서 현재 가장 광범위하게 활용되고 있음 통상 읽기/쓰기가 가능하며, 초당 200개의 태그를 동시 인식
UHF(300M~1GHz)	전자기파 방식을 이용, 중장거리 판독이 가능하고 고속 전송이 가능 안테나 크기를 13.56Mhz태그에 비해 대폭 줄일 수 있다는 장점, 사용칩이 단가가 높은 편
2.45Ghz	UHF와 대체적으로 비슷한 장단점을 갖는다. 초소형 RF태그 구성이 가능

• EPC (Electronic Product Code)

인터넷에서 이용하는 IP어드레스와 유사한 개념으로 RFID내에 저장되는 일련의 코드정보

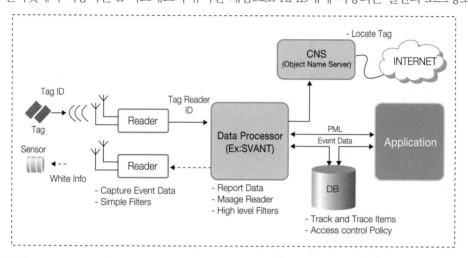

구분	내용
ONS	Object Name Service RFID 태그에 저장된 EPC주소를 통해 해당되는 제품정보를 가지고 있는 EPC IS(Information Server)에 주소를 제공하는 역할
PML	Product Markup Language RFID에서 여러 이벤트 정보(제품명 등)을 교환하기 위해 XML기반으로 작성된 개방형 표준언어, EPC IS는 RFID에서 센싱된 정보를 PML형식으로 저장, PML 데이터 생성 관리
SAVANT	RFID 미들웨어로써 EPC 네트워크상의 모든 구성 요소들 사이에서 데이터의 수집, 제어, 응용을 위해 만들어짐 (= ALE)

다음 RFID(Radio Frequency Identification)에 대한 설명 중 <u>틀린 것은?</u>

① RFID란 모든 사물에 전자태그를 부착하고 무선 통신 기술을 이용하여 사물의 정보 및 주변 상황정보를 감지하는 인식기술이다.
② RFID 미들웨어는 리더로부터 인식된 데이터를 수집하고 의미있는 정보로 요약하여 애플리케이션에게 전달하는 시스템 소프트웨어이다.
③ 다수의 RFID가 존재할 경우에 병렬적으로 데이터를 읽어들일 수 있다.
④ ISO/IEC 15961과 15962에서 응용과 RFID 리더 사이에 필요한 데이터 프로토콜을 정의하고 있다.

● 해설 : ③번

- RF리더기는 RF수신부에서 신호를 받아 들여 디코딩을 수행하고 호스트 컴퓨터와 직렬 통신 또는 TCP/IP 등의 인터페이스로 통신함.
- RFID 리더기의 Anti-Collision 기능을 고려할 때 다수의 RFID를 병렬로 읽을 수 있다고도 해석 가능함

● 관련지식 ●●

• RFID
Microchip을 내장하여 RF(주파수변조) 방식으로 안테나와 교신을 통하여 근거리/원거리에서 읽고 쓰기가 가능한 무선인식 기술을 적용한 자동식별시스템

• RFID 표준화 동향
RFID 관련 공식 표준화 기구는 ISO/IEC JTC1/SC31의 WG4이며, 4개의 Sub Group으로 구성되어 표준화가 추진됨.

그룹	그룹명	ISO/IEC	작업명
SG1	Data 구문 표준	15961	Tag Commands
		15962	Data Syntax
SG2	Tag 식별	15963	태그 식별자
SG3	Air Interface(통신)	18000-1	Generic Parameters
		18000-2	~ 135kHz
		18000-3	13.56Mhz
		18000-4	2.45GHz
		18000-6	UHF 860~ 960MHz
		18000-7	UHF 433MHz(능동형)

2008년 86번

다음 중 RFID(Radio Frequency IDentification) 관련 기술에 대한 설명으로 <u>틀린 것은?</u>

① RFID 리더기는 태그의 정보를 읽거나 기록할 수 있다.
② RFID 태그는 배터리 내장 유무에 따라 능동형과 수동형으로 구분된다.
③ EPC(Electronic Product Code)는 태그에 부여되는 고유한 식별코드이다.
④ RFID 미들웨어는 다수의 태그가 리더기에 반응했을 때 충돌을 방지하는 역할을 한다.

● 해설 : ④번

다수의 태그가 리더기에 반응했을 때 충돌을 방지하는 역할은 RFID리더기임.

● 관련지식 ●●●

• RFID 구성요소

구분	내용
ONS	Object Name Service RFID 태그에 저장된 EPC주소를 통해 해당되는 제품정보를 가지고 있는 EPC IS(Information Server)에 주소를 제공하는 역할
PML	Product Markup Language RFID에서 여러 이벤트 정보(제품명 등)을 교환하기 위해 XML기반으로 작성된 개방형 표준언어, EPC IS는 RFID에서 센싱된 정보를 PML형식으로 저장, PML 데이터 생성 관리
SAVANT(ALE)	RFID 미들웨어로써 EPC 네트워크상의 모든 구성 요소들 사이에서 데이터의 수집, 제어, 응용을 위해 만들어짐 (= ALE)

네트워크에 접속된 다수의 컴퓨터들을 통합하여 하나의 거대한 병렬 컴퓨팅 환경을 구축하는
클러스터 컴퓨터 개념이 출현하게 된 동기가 <u>아닌</u> 것은?

① 대부분의 컴퓨터들에서 프로세서들이 연산을 수행하지 않는 유휴 사이클(Idle Cycle)들이
   많이 있다.
② 고속의 네트워크가 개발됨으로써 컴퓨터들 간의 통신시간이 줄어들게 되었다.
③ 슈퍼컴퓨터 및 고성능 서버의 가격이 점점 낮아지고 있다.
④ 컴퓨터 주요 부품들의 고속화 고집적화로 인하여 PC 및 워크스테이션들의 성능이 크게
   향상되었다.

● 해설 : ③번

● 관련지식 ••

• 클러스터 컴퓨터
  – 클러스터 컴퓨터는 PC나 워크스테이션과 같은 일반적인 컴퓨터를 네트워크로 연결하여 고
    성능을 발휘하도록 만든 컴퓨터군
  – 단일 프로세서 방식의 대형 서버와 달리 저가의 독립된 시스템을 수십대에서 수천대까지 병
    렬 네트워크로 연결, 각 시스템 자원을 하나의 거대한 서버로 활용하는 시스템
  – 클러스터 슈퍼컴퓨터는 보편적인 상용 프로세서·네트워크 장비·저장장치들로 구성되며
    저가의 PC급 컴퓨터들을 클러스터링하면 대형 슈퍼컴퓨터과 유사한 성능을 발휘할 수 있는
    데, 가격 대비 성능 면에서 기존의 대형 슈퍼컴퓨터보다 월등하고 업그레이드 및 확장성 측
    면에서도 매우 유리하다는 것이므로 서버의 가격이 낮아지는 것과는 거리가 먼 사항임.

SDRAM(Synchronous DRAM)의 설명 중 잘못된 것은?

① 버스 클럭에 동기화되어 정보가 전송된다.
② DDR(Double Data Rate) SDRAM은 클럭의 상승 엣지(Rising Edge) 뿐 아니라 하강 엣지 (Falling Edge)에서도 데이터를 전송한다.
③ CPU는 시스템 버스를 통하여 주소와 읽기 신호를 보낸 다음, 액세스가 진행되는 동안 대 기상태가 된다.
④ DDR 기술을 이용하면 SDR(Single Data Rate) 기술에 비해, SDRAM 의 내부 액세스 속도 개선 없이도 CPU와 메모리 간의 데이터 전송량을 증가 시킬 수 있다.

● 해설 : ③번

● 관련지식 ●●●

• SDRAM
  − SDRAM(Synchronous Dynamic Random Access Memory)은 DRAM의 발전된 형태이며 고속의 CPU에서 비동기식 데이터 전송은 심각한 병목을 발생시키는 문제가 있어 시스템 클 록(0,1이 반복되는 디지털 신호)을 동기화하여 고속의 데이터 처리가 가능하게 개선한 방식
  − 동기화라고 해서 CPU가 신호 전송 후 대기상태가 되는 것은 아니며 동기화 제어 데이터가 함께 전송된다는 의미임.
  − SDRMA은 SDR(Single Data Rate) DRAM, DDR(Double Data Rate) DRAM, R(Rambus) DRAM의 3종류로 나뉘어 지며 RSDRAM, DDR SDRAM, SDR SDRAM 순으로 빠르며 빠른 순서로 고가임.
  − SDR SDRAM은 초기 SDRAM 모델로 펨티엄 4 이전의 PC에 범용 사용되었으며 펄스의 상 승 엣지에서만 데이터를 전송하는 방식
  − DDR SDRAM은 펨티엄 4에 주로 적용되며 펄스의 상승(rising edge) 및 하강(falling edge) 에서도 모두 데이터를 전송하는 방식으로 이론 상으로는 2배의 성능을 나타내는 것으로 되 어 있긴 하나 실제는 30% 향상이 되는 것으로 보고됨.
  − Rambus SDRAM은 현존하는 SDRAM 중 가장 빠른 방식이가 성능에 비해 가격이 비싸 범 용으로 사용되고 있지는 않은 방식이며 DDR로 동작하면서 Bank(RAM slot)의 크기를 줄이 고 개수를 늘려서 직렬로 연결하여 속도를 개선하는 방식

임베디드 시스템에서는 커널을 메모리에 로드하여 실행하는 대신 플래시 메모리에서 직접 수행한다. 이와 같이 임베디드 시스템의 제한된 메모리 자원을 극복할 수 있도록 지원하는 기술은?

① XIP(eXecution In Place)　　② MMU(Memory Management Unit)
③ TCM(Tightly Coupled Memory)　④ MPU(Memory Protection Unit)

● 해설 : ①번

● 관련지식 ●●

• XIP
XIP는 하드디스크나 DRAM에서 프로그램을 로드하는 것이 아닌 Flash 메모리에서 바로 실행 파일을 실행하는 방식으로 임베디드 시스템에서 사용되는 기술

구분	내용
MMU (Memory Management Unit)	– CPU가 메모리에 접근하는 것을 관리하는 컴퓨터 하드웨어 부품이며 가상메모리 주소를 실제 메모리 주소로 변환하며,메모리 보호,캐시관리,버스 중재 등의 역할을 담당 – 임베디드 프로세서에서 동시에 많은 양의 프로그램을 수행하는데 RTOS 환경에서 개발자가 시스템에 있는 메모리 전부를 다루기 위해 도입된 개념 – 구성요소 : TLB(Translation Look–aside Buffer), 접근제어로직 (Access Control Logic) 그리고 translation table–walking 로직 – 역할 : 가상 메모리와 물리적 메모리로 변환해주는 역할, 프로세서의 동작모드에 따라 메모리의 접근 권한을 관리하는 역할
TCM (Tightly Coupled Memory)	– 코어에 인접한 SRAM으로 실시간 운영체제의 확장성을 보장 – 기존 Cache와 같은 데이터 및 인스트럭션 포트를 지원하며 소프트웨어적으로 성능이 중요한 코드나 데이터를 위치하게 할 수 있고 특별히 실시간 캐시 오버헤드(loading,validating,flushing)과정이 없어 지연시간을 최소화 할 수 있음
MPU (Memory Protection Unit)	– CPU에 attach된 RAM을 관리하는 장치로 MMU는 MPU가 갖는 기능을 포함하여 Virtual address와 Physical address를 매핑하는 기능을 제공하나 MPU는 Virtual address라는 개념이 없음 – 예를들어 메모리가 8M이면 8M 이상의 크기를 갖는 응용시스템을 동작할 경우 MPU는 불가능하나 MMU는 메모리 뿐 아니라 HDD,Flash 등의 영역을 Memory address로 매핑 시킨 다음 메모리와 같이 사용할 수 있음 – MMU가 가격이 비싼 반면 상대적으로 다양한 기능을 제공하고 MPU는 메모리를 직접 억세스 가능하여 성능 위주의 구현에 유리함

다음과 같은 상황에서 SSTF(Shortest Seek Time First) 스케줄링을 사용하여 모든 요청을 처리했을 때 총 이동 트랙수는 얼마인가?

> 트랙번호가 0에서 199인 이동 헤드 디스크가 있다. 현재 트랙 143을 서비스 하고 있고 방금전에 트랙 125의 요청을 끝냈다. 서비스 큐에 있는 서비스 요청 순서는 다음과 같다.
> 요청순서 : 84, 147, 91, 177, 94, 150, 102, 175, 130

① 127
② 166
③ 173
④ 570

● 해설 : ②번

● 관련지식 ●●●

• 디스크 스케줄링 기법

SSTF (Shortest Seek Time First)	– 탐색시간이 가장 짧은 트랙으로 헤드를 이동시키는 방법 – 장점으로 FCFS 보다 처리량이 많고, 평균 탐색시간이 짧으며 단점으로 현재 서비스한 트랙에서 가장 가까운 트랙에 대한 서비스 요청이 계속 발생하는 경우, 먼 거리의 트랙에 대한 서비스는 무한정 기다려야 한다는 기아 상태가 발생할 수 있음

SSTF는 트랙위치를 정렬한 후 출발 위치에서 가장 인접한 트랙으로 이동하는 방식

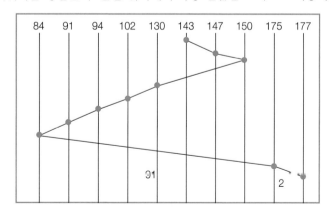

166 = 4+3+20+28+8+3+7+91+2

병렬처리 시스템 모형으로 SMP(Symmetric Multiprocessor) 등의 멀티프로세서 시스템과 클러스터 등의 멀티 컴퓨터 시스템을 비교할 때 다음 중 멀티프로세서 시스템의 특징과 <u>가장 거리가 먼 것은?</u>

① 병렬 프로그램이 쉽다.
② 부하 분배(Load Balancing)가 쉽다.
③ 동기화(Synchronization)가 어렵다..
④ 확장성(Scalability)이 높다.

● 해설 : ④번

　MPP에 비해 상대적으로 확장성이 낮을 수 있으며, 점증적으로 확장이 가능하므로 확장성이 낮다는 것은 MPP에 대비된 상대적인 특징임.

● 관련지식 ••

－ SMP는 MPP에 비해 병렬 프로그래밍이 훨씬 쉽고 프로세서간 작업분산이 용이하지만 확장성은 MPP에 비해 취약하며 많은 사용자가 동시에 데이터베이스에 접근하여 일을 처리하는 OLTP에 강점을 보임.
－ 여러 대의 처리기가 제각기 다른 명령을 병렬로 수행하기 때문에 전체적인 작업속도와 신뢰성을 높일 수 있다는 것이 특징이며 하나의 처리기로는 아무리 성능을 향상시킨다 해도 많은 작업을 신속히 처리하는 데 한계가 있기 때문에 수 천개의 처리기를 사용하여 고속 컴퓨터 시스템을 구축하는 분야에 활용됨.

다음 중 Superscalar Machine 에서 Register Renaming으로 해결할 수 있는 Dependency를 고른다면? (2개 선택)

① True Data Dependency
② Antidependency
③ Output Dependency
④ Procedural Dependency

● 해설 : ②, ③번

Dependency 중 Output dependency, Antidependency은 Data dependency 유형으로 분류되며 다른 레지스터로 대체될 수 있는 Dependency 방식임.

● 관련지식 ••

구분	내용		
Superscalar processor	한 번에 한 개의 변수를 처리하는 scalar 명령어들을 중에서, 동시에 실행할 수 있는 명령어들을 찾아 내어 그들을 동시에 실행시킴.		
Dependency	병렬 실행은 Dependency에 의해 제약됨.		
	Data dependency	True data dependency	Flow dependency, write–read dependency
		Output dependency	Write–Write dependency, 제거될 수 있고 다른 레지스터(register)로 대체될 수 있음.
		Antidependency	Read–write dependency, 제거될 수 있고 다른 레지스터(register)로 대체될 수 있음.
	Procedural dependency	분기 다음에 있는 명령어들은 분기에 대하여 프로시저 의존성을 가지고 있으며 분기의 실행이 완료될 때까지 실행되지 못함.	
	Resource conflicts	두 개 이상의 명령어들이 같은 자원을 동시에 사용하기 위하여 경쟁 자원 충돌은 자원의 수를 늘리면 해결할 수 있으나, 데이터 의존성은 해결할 수 없음.	

다음 중 Multicore에 대한 설명으로 부적당하거나 <u>잘못된 것</u>은? (2개 선택)

① Pipelining, Superscalar 등의 기존의 성능 개선 방법에 한계가 있기 때문에 대안으로 나온 것이다.
② 클럭(Clock) 속도를 높이는 것은 전력 소모 문제로 기대하기 어렵기 때문에 대안으로 나온 것이다.
③ 대부분의 응용 프로그램에서 Multicore를 이용하여 Core 수에 비례하는 성능 향상을 기대할 수 있다.
④ Power Density 면에서 Logic 보다는 Memory 쪽이 유리하며, Multicore는 Memory를 효과적으로 늘리는 방안이다.
⑤ 코어(Core)마다 캐시가 따로 있고 공유하는 캐시가 존재하지 않으므로 일관성 유지의 부담이 없다.

● 해설 : ③,④,⑤번

Multicore 수에 정비례하여 성능향상이 되지는 않으며 공유 메모리로 인한 일관성 부담이 있음. Multicore는 대용량의 메모리를 동일 시스템 버스 상에 연결함으로써 메모리 억세스 용량이 감소되는 문제가 있어 메모리를 효과적으로 늘리는 방안으로 적당하지 않음.

● 관련지식 ●●●

멀티코어(Multi-core)는 프로세서의 성능을 배가시키기 위해서 다수의 프로세서를 단일 시스템에 집적하려는 시도로 프로세서 코어의 속도가 메모리의 속도를 전반적으로 10배 이상 능가하는 현상이 가시화되면서 다수의 프로세서가 공유메모리를 접근할 때의 속도를 최적화함.

공유메모리의 기본 개념인 UMA(Uniform Memory Access)로부터 프로세서 로컬 메모리의 개념을 포함하는 NUMA(Non-Uniform Memory Access), ccNUMA(Cache-Coherent NUMA), Cluster computing, Grid computing에 적용됨.

멀티코어 프로세서는 공정기술이 한계에 부닥친 상황에서 프로세서의 성능을 증대 시킬 수 있는 유일한 대안으로 인식되고 있으며 수십~수백개의 프로세서를 단일 SoC에 구현하는 거대 병렬 프로세서(Many-core Processor, Massive Multi-core Processor)의 개념이 제안
멀티코어 프로세서가 프로세서의 저전력화에 적합한 대안으로 멀티코어 프로세서는 동일 작업을 하는데 있어서 비교적 낮은 클럭 주파수 및 낮은 전압으로 동작시키는 것이 가능함.
멀티코어 프로세서 디자인에는 시스템 반도체 제작 측면에서 다양한 기술적인 문제가 존재한

다. 다수의 코어를 단일 칩에 집적하는데 있어서 수득율(Yield)이 낮아지는 현상이 존재하며 다중 코어의 집적으로 인해서 공유된 대용량의 메모리를 동일 시스템 버스상에 연결함으로써 메모리 억세스 용량(Memory Access Bandwidth)이 감소되는 문제점이 있음.

실제로 이러한 경우 Dual-Core가 Single-Core에 비해서 30% 또는 70% 정도의 성능만이 향상되는 것으로 알려져 있음.

Branch Target Buffer를 사용하여 Branch Prediction을 행하는 기계에서 다음의 표와 같은 Simulation 결과를 얻었다. Prediction의 정확도가 90%, Buffer의 Hit Ratio가 90%라고 가정한 경우 Branch로 인한 Cycle 손실을 계산하면 다음 중 어느 것과 가장 가까운가?

Instruction이 Buffer에 존재	Prediction	실제 Branch	Penalty Cycle
Yes	Taken	Taken	0
Yes	taken	Not taken	2
No		Taken	2
No		Not taken	0

① 0.4 cycle 보다 작음
② 0.4 cycle 이상이고 0.8 cycle 보다 작음
③ 0.8 cycle 이상이고 1.2 cycle 보다 작음
④ 1.2 cycle 이상이고 1.6 cycle 보다 작음

● **해설 : ①번**

Branch Penalty = (0.1 * 0.9 * 2) + (0.1 * 2 * 100%) = 0.38 clock cycles

● **관련지식** ●

• **Instruction 수준의 병렬화**

Prediction Accuracy : 90%
Buffer Hit Ratio : 90%

Branch Penalty = Incorrect Prediction * Buffer hit rate * Penalty Cycle
+ (1 - Buffer hit rate) * Penalty Cycle * Branch selection rate
= 0.1 * 0.9 * 2 + 0.1 * 2 * 100% = 0.38 clock cycles

만일 Branch 선택율을 60%라고 가정하면
Branch Penalty = (0.1 * 0.9 * 2) + (0.1 * 2 * 0.6) = 0.3 clock cycles

Branch 선택율이 100%라고 가정하더라도 0.38 clock cycles로 0.4 clock cycles를 넘지 못함.

가상 메모리를 지원하는 어떤 컴퓨터 시스템이 있다. 이 컴퓨터의 가상 메모리(Virtual Memory) 크기는 232 바이트이며 물리적 메모리 (Physical Memory) 크기는 8 Mbyte이다. 메모리 페이지의 크기가 16 kbyte라고 할 때 가상 메모리 주소를 물리적 메모리 주소로 변환해 주는 데 사용되는 페이지 테이블 엔트리 개수는 얼마인가?

① 2^{17}　　　　② 2^{18}　　　　③ 2^{19}　　　　④ 2^{20}

● 해설 : ②번

페이지 테이블 엔트리 수는 2^{32} / 2^{14} = 2^{18}

● 관련지식 ●●

페이지 개수 = 가상 메모리의 크기 / 페이지 하나 당 크기

가상메모리 사이즈 2의 32승

16kbyte = 2의 14승이므로 페이지 테이블 엔트리 수는 2^{32} / 2^{14} = 2^{18}

임베디드 프로세서로 사용되는 대부분의 RISC(Reduced Instruction Set Computer) 프로세서들은 몇 단계의 파이프라인 구조를 취하고 있다. 이는 결과적으로 단위 시간 당 여러 개의 명령어를 수행하게 하여 전체적인 수행 속도를 높이기 위함이다. 그러나 이러한 파이프라인 동작을 방해하는 요소가 있는데 이를 파이프라인 해저드 (Pipeline Hazard)라고 한다. 다음 중 파이프라인 해저드에 대한 설명으로 가장 거리가 먼 것은?

① 분기 명령으로 인한 제어 해저드는 근본적으로 완전히 해결할 수는 없다.
② 데이터 레지스터의 종속성으로 인한 데이터 해저드는 포워딩(Forwarding) 기법을 통해 모두 해결할 수 있다.
③ 해저드는 기본적으로 데이터의 흐름이 파이프라인이 수행되는 시간 축의 역방향으로 이루어짐에 기인한다.
④ 파이프라인 단계가 많을수록 전체적인 시스템의 성능은 향상되는데, 해저드가 파이프라인 단계를 높이는 것을 방해나는 주요 원인이다.

● 해설 : ②번

데이터 해저드는 WAR (write after read) WAW (write after write) RAW (read after write) Data dependency에 의해 발생, Hazard Detection & Data Forwarding으로 해결하거나, 뒤에 따라오는 명령의 수행을 지연을 통해 해결함.

● 관련지식 ●●●

구분		내용
파이프라이닝 (pipelining)		– 여러 개의 명령어가 중첩해 실행되는 구현 기술 – 연속된 명령어들 사이의 병렬성(parallelism) 활용 – 개개 명령어의 실행 시간을 줄이는 대신 명령의 처리량(throughput)을 개선
해저드(hazards)		명령어가 다음 클럭 사이클에서 실행할 수 없는 상황
	구조적 해저드 (structural hazards)	부족한 하드웨어 구성요소, 한 모듈에 2개가 접근을 시도하는 경우 발생하는 문제로 문제가 발생한 모듈을 2개로 설계하여 해결하거나, 한 개의 명령의 수행을 지연함으로 해결함
	데이터 해저드 (data hazards)	WAR (write after read) WAW (write after write) RAW (read after write) Data dependency에 의해 발생, Hazard Detection & Data Forwarding으로 해결하거나, 뒤에 따라오는 명령의 수행을 지연
	제어 해저드 (control hazards)	조건 분기 명령어(branch 또는 jump)로 발생되며 파이프라인 지연,분기예측(branch prediction)을 이용하여 예측하여 성공확률을 증가시켜서 hazard를 감소

임베디드 시스템에서 사용되고 있는 대부분의 마이크로 콘트롤러에는 워치독 타이머 (Watchdog Timer)라는 장치가 들어 있다. 워치독 타이머의 기능을 설명한 것으로 가장 적절한 것은?

① 인터럽트 발생 시 신속하게 서비스 루틴으로 갈 수 있도록 도와주는 장치이다.
② 시스템이 어떤 원인으로 인해 무한 루프에 빠지거나 비정상적인 동작을 하게 되면 자동으로 시스템을 리셋시키기 위한 장치이다.
③ 전력 소모를 줄이기 위해 동작모드(Active Mode)와 슬립모드(Sleep Mode)를 구분하는데 이를 구분하기 위한 타이머를 제공해 주는 장치이다.
④ 일반적인 타이머 또는 카운터 역할을 할 수 있는 장치이다.

● 해설 : ②번

Watchdog Timer는 시스템이 오동작을 하는데도 그 시스템 스스로 복구하지 못하면, 일정 시간이 지난 후 자동으로 특정 연산을 수행하도록 프로그램 된 장치 또는 전자 카드를 의미함.

● 관련지식 ●●

운영체계에 있어 가장 흔한 문제는 두 개 이상의 프로그램이 충돌을 일으켜 교착 상태에 빠져 있는 경우로, 메모리 관리에 문제가 발생했을 경우 발생됨.

프로그램이나 컴퓨터가 가장 최근의 마우스 클릭이나 키보드 입력에 대해 일정 시간 동안 응답을 하지 않으면, 미리 정해진 시간까지만 기다렸다가 시스템을 웜 부트하여 재기동 시키도록 프로그래밍 할 수 있으며 Watchdog Timer를 통해 URL이 입력된 다음 일정 시간이 흐른 후 웹브라우저의 새로 고침 버튼을 자동으로 기동시키는 것도 가능함.

프로세서의 핵심 부분 중의 하나인 ALU(Arithmetic and Logic Unit)의 설계에 있어 가장 기본이 되는 것은 덧셈기의 설계이며, 대표적인 덧셈기로 RCA(Ripple Carry Adder), CLA(Carry Lookahead Adder), CSA(Carry Save Adder)가 있다. 이들에 대한 설명으로 가장 적절하지 <u>않은 것</u>은?

① 곱셈기처럼 여러 개의 숫자를 더할 경우에는 CSA가 최적이다.
② CLA는 연산속도는 빠르지만 필요한 하드웨어 로직 사이즈가 크다.
③ RCA는 연산속도와 하드웨어 사이즈 면에서 모두 우수한 구조이다.
④ CSA를 사용할 경우에는 최종 결과를 구하기 위해 CLA 혹은 RSA가 추가적으로 필요하다.

● 해설 : ③번

RCA는 회로의 구현은 쉽지만 연산의 수행 시간이 선형적으로 증가하므로 고속을 요하는 하드웨어에서는 많이 사용되지 않는 방식임.

● 관련지식 ●●

디지털 회로의 중요한 회로는 가산기이며 덧셈회로의 속도가 전체 디지털 회로의 속도에 많은 영향을 주며 덧셈회로에서 시간소모가 가장 많은 연산이 캐리 연산인데, 그 원인이 캐리 전파에서 병목임.

캐리 연산에서의 속도개선이 덧셈회로의 성능개선과 직결되며, 이 덧셈회로의 성능개선을 위해 지금까지 다양한 방법이 제안되었고 검증되었음.

구분	내용
리플 캐리 가산기 (RCA : Ripple Carry Adder)	– 가장 기본적인 덧셈 방식으로 A0 블록에서 생성된 캐리의 출력(carry out)이 다음 블록의 캐리의 입력(carry in)으로 사용이 되는 구조 – 따라서 블록에서 carry out이 발생되어야만 A1 블럭이 계산되어 S1이 출력되므로 캐리(carry)가 발생될 때까지의 각각의 블록에서의 지연(delay)이 많이 발생되며 회로의 구현은 쉽지만 연산의 수행 시간이 선형적으로 증가하므로 고속을 요하는 하드웨어에서는 많이 사용되지 않고 있음. – 수행시간은 O(n)
캐리 예측 가산기 (CLA : Carry Look-ahead Adder)	– 병렬 덧셈기에서는 캐리의 전파 시간을 단축시키는 몇 가지 방법이 있으며 가장 광범위하게 사용되는 기법은 캐리 예측(Carry Look-ahead)의 원리를 이용하는 것임.

구분	내용
캐리 예측 가산기 (CLA : Carry Look-ahead Adder)	- 빠른 시간에 덧셈의 결과를 얻을 수 있다는 장점이 있으나 입력 오퍼랜드의 비트 수가 커질 경우에는 하나의 신호가 사용되는 로직이 많아지거나 캐리를 계산하기 위한 로직이 복잡해지므로 많은 수의 비트에는 적용하지 않음 - Tree방식으로 carry를 계산함으로 인해서 그림과 같이 carry에 의한 delay를 상당히 줄이는 방법임 - 회로는 조금 복잡해지지만 연산속도는 빨라지게 되며 리플 캐리 가산기에 비해 2~3배 정도의 크기로 구현 가능함 - 수행시간은 $O(\log n)$임
조건부 가산기 (CSA : Conditional Sum Adder)	- 빠른 덧셈을 위한 또 하나의 방법은 조건부 덧셈기를 사용하는 것이며, 이 방법의 기본적인 원리는 주어진 오퍼랜드 k 비트의 그룹에 대하여 두 세트(set)의 출력을 만들어 내는 것임 - 각 세트는 k 비트의 합과 출력 캐리를 만들어 낸다. 하나의 세트는 입력되는 캐리를 0으로 가정하고 나머지 세트는 입력되는 캐리를 1로 가정한 것이며, 입력되는 캐리의 값이 결정되면 캐리의 전달에 의한 지연 없이 한 출력 세트를 선택함 - CSA(Carry Save Adder) : 캐리 출력을다음 단으로 보내는 가산기를 캐리 세이브 가산기(carry save adder : CSA)라고 하며 3개 이상의 n비트 수를 더할 때에 사용하며, CSA를 사용하여 부분곱을 더하는 회로를 구성한 곱셈기를 캐리 세이브 곱셈기(carry save multiplier)라고 함
CSA (Carry Save Adder)	- 캐리 출력을다음 단으로 보내는 가산기를 캐리 세이브 가산기(carry save adder : CSA)라고 하며 3개 이상의 n비트 수를 더할 때에 사용하며, CSA를 사용하여 부분곱을 더하는 회로를 구성한 곱셈기를 캐리 세이브 곱셈기(carry save multiplier)라고 함

시험출제 요약정리

1) 하드웨어 아키텍처

1-1) HA(High Availability)
- 시스템 구성요소의 가용성은 정상적으로 작동하는 시간에 대한 백분율(%)로 정의할 수 있으며, 계획되지 않은 다운타임의 영향으로부터 지속적으로 보호
- 실제 및 가상 환경에 존재하는 모든 주요 애플리케이션, 서버 및 스토리지 플랫폼의 애플리케이션 복구를 자동화하여 계획되거나 계획되지 않은 다운타임으로부터 미션 크리티컬 애플리케이션 및 데이터를 보호함.

구분	내용
전용 대기 서버	두 대의 활성 서버는 각기 다른 서비스를 하고 있다. 전용 대기 서버는 한 대임. 장애가 발생하면, 전용 대기 서버가 장애가 발생한 서버 대신 서비스
상호 대기	세 대의 서버가 모두 각기 다른 서비스를 하며 이들은 또 상호 대기 서버가 되기도 하는데, 일례로 DB 서버가 다운됐을 경우에는 웹 서버가 웹 서비스와 DB 서비스까지 하게 되며, 파일 서버가 다운되면, DB 서버가 DB 서비스와 파일 서비스를 모두 제공할 수 있도록 구성
연쇄 오류 복구	파일 서버에서 파일 서비스, 웹 서비스, DB 서비스를 모두 제공하도록 구성

1-2) Fault Tolerant 컴퓨터 시스템
- 시스템내의 어느 한 부품 또는 어느 한 모듈에 Fault (장애)가 발생하더라도 시스템운영에 전혀 지장을 주지 않도록 설계된 컴퓨터 시스템
- Fault Tolerant 컴퓨터 시스템내의 대부분의 부품 또는 모듈은 시스템이 운영되거나 응용 프로그램이 돌아가는 동안에라도 빼내거나 설치할 수가 있음.

구분	내용
Fault Detection	Fault Detection은 주로 하드웨어로 구성된 비교기(Compare Logic)을 통하여 이루어지며, 시스템내에서 Fault가 발생되면 해당 모듈 또는 시스템은 Fault 상태가 됨

구분	내용
Fault Diagnosis	Fault가 영구적(Hard Fault)이라면 그 모듈을 시스템 구성에서 제거하며 Fault가 발생하여 자기 진단을 수행한 결과 아무런 문제가 없다고 판단되면, 시스템은 일단 그 Fault를 Transient Fault로 인식하고 모든 동작을 계속 수행
Fault Recovery	Fault Recovery는 Fault를 유발한 모듈을 시스템에서 제거하여 시스템을 재구성하면서 이루어지며, Fault Tolerance를 유지할 수 있는 중요한 기능 중 하나는 데이타를 항상 두개 복사하도록 해놓음으로써 Fault Tolerance를 유지

2) 시스템성능

2-1) TPC(Transaction Processing Performance Council)
- OLTP 시스템의 처리 성능을 측정하는 성능 평가 기준의 표준 규격을 제정하기 위하여 1988년 결정된 비영리 단체
- 신뢰성과 내구성 테스트를 모두 포함하여 독립 감사를 거쳐야 하는 매우 엄격한 요구 사항을 갖고 있음
- Vendor들은 규정된 환경에서 성능을 객관적으로 시험하는 TPC Benchmark에 참여하여 보다 견고하고 확장성 있는 하드웨어 및 소프트웨어 제품을 생산하기 위한 테스트된 기술을 적용

구분	내용
TPC-App	- 어플리케이션 서버와 웹 서비스 성능 평가 기준으로 어플리케이션 서버 시스템의 성능을 보여 줌 - 성능 평가 작업은 24*7 환경에서 운영되는 B2B 업무 처리 어플리케이션 서버의 활동을 시뮬레이션하는 관리 환경에서 수행 - TPC-W를 대체하기 위하여 새롭게 제안, Application Server와 Web Service의 성능 측정 - 24시간 365일 운영되는 B2B 서비스의 액티비티들을 시뮬레이션 한적으로 주문을 하거나 온라인 상품 카탈로그를 보는 등의 인터넷 쇼핑몰을 시나리오 기반으로 구성
TPC-C	- 온라인 트랜잭션 처리 성능 평가기준으로 DB에 대응하는 트랜잭션을 실행 하는 완전한 컴퓨팅 환경을 시뮬레이션 - 대규모 유통업체의 주문 처리 프로세스 처리 환경을 내용으로 하고 있음
TPC-H	의사 결정 지원 성능 평가 기준으로 비즈니스 지향의 특별한 질의와 동시 병행의 데이터 변경으로 구성
TPC-E	- 현실 세계의 OLTP환경을 재구성한 가상의 시스템을 통해서 트랜잭션이 수행되는 동안 DB에 어느 정도의 작업부하가 걸리는지를 측정하여 적정 수준의 CPU,메모리,디스크 용량을 산정하려는 목적 - TPC-E의 목적은 OLTP 환경의 멀티 어플리케이션 시스템간의 복잡한 데이터 흐름을 측정하려는 것이 아니라, OLTP 환경에서 트랜잭션이 수행되는 동안 시스템에 영향을 미치는 다양한 요인들을 고려하여 정보시스템의 성능을 평가

구분	내용
TPC–E	– 작업부하는 중개회사의 주식.증권거래 처리과정이 중심이며, CUSTOMER, BROKERAGE, MARKET, DIMENSION 테이블 세트로 이루어진 구조(4개 영역, 33개의 독립된 개별 테이블로 구성)
TPS–DS	– TPC–H를 대신할 대량의 데이터를 처리하는 서버인 DW의 성능을 측정하기 위함 – 시스템이 인위적으로 높은 점수만을 들어내 벤치마크 테스트에서 부가되는 것을 방지하기 위해 TPC–H에서 25개이던 것을 135개의 다양한 형태의 질의

2–2) SPEC(Standard Performance Evaluation Corporation)

– Open System Group에서 1996년에 발표한 기본적인 웹 서비스에 대한 공통적인 성능 측정 결과를 제공하는 최초의 벤치마크
– 실제적이고 표준화된 성능 테스트가 반드시 필요하도록 느낀 몇몇의 워크스테이션 판매자들에 의해 1988년 설립, 60개 이상의 회원사를 가진 성공적인 성능 표준 회사의 하나로 성장 (비영리 법인회사)

① SPECWeb2005 (웹 서버 벤치마크) : 웹환경에서 클라이언트들에게 서비스를 제공하는 웹 서버를 벤치마크하기 위한 SPEC의 벤치마크 도구로 정적이고 동적인 웹 페이지 요구에 대하여 서비스를 제공하는 서버 시스템의 능력을 평가하기 위하여 디자인됨.
작업부하 환경을 3가지 (banking, e-commerce, support)로 디자인, 기존의 동시 접속자 수에서 session-based로 작업부하 측정 기준으로 변경함으로써 작업부하에 대한 벤치마크와 서버를 이용하는 사용자 수에 대한 보다 명확한 상호 관계를 분석

② jAppServer2004 (자바 클라이언트/서버) : J2EE 어플리케이션 서버의 성능을 측정하기 위해 설계

3) 용량산정

3–1) Specweb96 (CPU) – operations per second

웹서버 용량산정
= 동시 사용자 * 평균 세션수 * 네트워크 보정 * Peak Time 보정 * 시스템 여유율 *100/SPECweb96 Class 1,2,3 비율

3–2) Specjbb2000 (CPU) – operations per second

웹응용서버 용량산정
= 동시 사용자 * 사용자 1인 당 평균 비즈니스 로직 오퍼레이션 수(ops) * 네트워크 오버헤드
* 어플리케이션 오버헤드 * 시스템여유율

3-3) TPC-C (CPU) – transactions per minute

DB Server 용량산정
= 트랜잭션 처리수 * 최번시간 트랜잭션 * 트랜잭션 복잡도 * 트랜잭션 증가율
*네트워크 보정율 * Peak Time 보정율 * 시스템 부하율 * 시스템 여유율

3-4) 메모리

메모리
= {시스템영역(OS,DBMS,M/W엔진) + 시스템관리자영역 + 사용자당 필요메모리*사용자수} * 버퍼캐쉬 *
  클러스터보정 * 여유율

3-5) 디스크

시스템 디스크 = {시스템운영체제+응용프로그램+ SWAP 영역} * 여유율
데이터 디스크 = {데이터영역 + 백업영역} * RAID 영역 * 여유율

4) 가용성
- MTBF(Mean Time Between Failures: 평균 무 고장 시간): 하드웨어 제품이나 구성
  요소가 고장이 없는 시간 즉 무 고장 시간이 얼마나 되는지에 관한 척도
- MTTF(Mean Time To Failures): 고장까지의 평균시간
- MTTR(Mean Time To Repair): 어떤 하드웨어 제품이나 구성요소의 수리 시간의 평균치
- MTBF = MTTF + MTTR
- 가용성 = MTTF/(MTTF + MTTR) * 100 = MTTF / MTBF

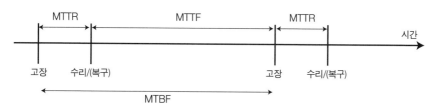

5) 암달의 법칙 : 병렬처리 프로그램에서 차례로 수행되어야 하는 비교적 적은 수의 명령
문들이 프로세서의 수를 추가하더라도 그 프로그램의 실행을 더 빠르게 할 수 없도록
속도향상을 저해하는 요소를 갖고있다는 법칙

예) 병렬화 시킬 수 있는 코드 비율(f : fraction of code which can be parallized)로 정
의한다면 Speedup = 1 / (1-f) 만일 아무런 코드도 병렬화 안되어 있다면 f = 0 즉
Speedup = 1이고 만일 모든 코드가 병렬화 되어 있다면 f = 1, Speedup은

무한대가 됨.

- 만일 코드가 50% 병렬화되었다면 최고 Speedup은 2가 되므로 serial 코드보다 2배의 속도향상을 가져옴을 의미함

- 프로세스의 수를 함께 고려한다면
  Speedup = 1 / (S + (P/N)) 이 됨. 여기서 P = 전체 코드의 병렬화율이고 N은 프로세서 수, S는 Serial fraction을 의미하며 직렬코드는 프로세서를 늘려도 성능향상은 의미가 없음.

기출문제 풀이

2004년 79번

다양한 크기와 복잡도를 가진 서로 다르면서도 상호연관성이 있는 데이터베이스 테이블에 대해 5개의 서로 다른 트랜잭션 유형을 규정할 수 있고, 분당 트랜잭션으로 성능 측정이 가능한 벤치마킹 방법은 다음 중 어느 것인가?

① TPC-A   ② TPC-B   ③ TPC-C   ④ TPC-W

● 해설 : ③번

벤치 마킹 방법인 TPC에 대한 유형별 이해가 요구
TPC-C:온라인 트랜잭션 처리(OLTP)시스템의 성능과 확장성을 측정하기 위한 산업 표준 벤치마크

● 관련지식 ●

- TPC(Transaction Processing Performance Coucil)
  OLTP 시스템의 처리 성능을 측정하는 성능 평가 기준의 표준 규격을 제정하기 위하여 1988년 결성된 비영리 단체
- TPC의 종류

구분	내용
TPC-C	- 온라인 트랜잭션 처리(OLTP)시스템의 성능과 확장성을 측정하기 위한 산업 표준 벤치마크 조회, 업데이트, 대기 열이 있는 미니 벤치 트랜잭션을 포함하는 데이터베이스 기능의 다양한 면을 테스트 - 가상 주문 입력 및 분산 환경의 분당 업무 트랜잭션 처리량을 측정함 - TPC-C가 보고하는 성능단위는 분당 처리되는 트랜잭션 량(tpmC)
TPC-H	- 온라인 생산 데이터베이스와 동기화된 대량의 데이터에 정책 결정 지원시스템을 시뮬레이션(의사결정시스템, Datawarehouse 등) - 고도로 복잡한 임시 쿼리를 사용하여 가격과 판촉, 수요와 공급, 수익과 이익, 시장 점유율 등 실제 업무 관련 문제에 대응함 - TPC-H와 TPC-R은 지금은 사용하지 않는 TPC-D 벤치마크에서 개발
TPC-W	- 업무 중심 트랜잭션 웹 서버이 기능을 시뮬레이션,작업 부하는 제어된 인더닛 상기게 휜경에서 수행되며 이러한 환경과 관련된 여러 시스템 구성 요소들 수행 - TPC-W가 보고하는 성능단위는 초당 처리되는 웹 상호 작용의 수
TPC-R	TPC-H와 유사(의사 결정 지원) 진보된 쿼리에 의한 부가 최적화 성능 테스트 순간 데이터 수정과 비즈니스 종속된 성능 테스트 결과로 이루어짐

특정한 민원서비스를 처리하는 정보시스템의 서비스에 대한 가용성(avalability) 목표를 98%로 정했다고 하자. 이러한 목표를 달성하려면 1년간 허용할 수 있는 최대 서비스 중지시간은 얼마인가?

① 29.2 시간   ② 43.8시간   ③ 87.6시간   ④ 175.2시간

● 해설 : ④번

가용성 = MTTF/MTBF, (365*24 - MTTR)/365*24 >= 0.98

● 관련지식 ●●●

• 가용성
  - MTBF(Mean Time Between Failures: 평균 무 고장 시간): 하드웨어 제품이나 구성 요소가 고장이 없는 시간 즉 무 고장 시간이 얼마나 되는지에 관한 척도
  - MTTF(Mean Time To Failures): 고장까지의 평균시간
  - MTTR(Mean Time To Repair): 어떤 하드웨어 제품이나 구성요소의 수리 시간의 평균치
  - MTBF = MTTF + MTTR
  - 가용성 = MTTF/(MTTF + MTTR) * 100 = MTTF / MTBF

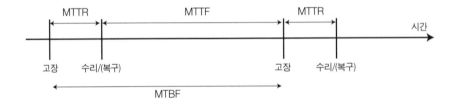

2004년 | 90번

최근에는 웹 응용시스템 개발요구와 인터넷을 이용한 웹 트래픽의 증가에 따른 웹 서버의 적정 용량을 산출하기 위하여 SPECweb96의 표준화된 벤치마킹인 웹 서버 용량산정식을 사용하고 있는데 괄호 안에 들어가야 하는 항목은?

웹서버 용량산정=[동시사용자]*[100/SPECweb96 Class 1,2,3비율]*[ ]*
[네트워크 보정]*[피크타임보정]*[시스템 여유율]

① 평균 어플리케이션수   ② 평균노드수
③ 평균세션수   ④ 평균 페이지뷰

● **해설 :** ③번

웹서버 용량산정 공식은 동시사용자 * 100 / SPECweb96 Class 1,2,3 비율 * 평균세션수 * 네트워크 보정 * Peak보정 * 시스템 여유율

● **관련지식** ●●●

- SPECweb96
  - Open Systems Group에서 1996년에 발표한 기본적인 웹 서비스에 대한 공통적인 성능 측정결과를 제공하는 최초의 벤치마크 도구
  - CommerceNet, DEC, HAL, HP, Ibm, Intel, Netscape, OpenMarket, Siemens Nixdorf, Silicon Graphics, Spyglass, Sun 등이 참여
  - 시스템이 얼마나 효과적으로 HTTP(Hypertext Transfer Protocol) GET 요구를 처리할 수 있는지를 측정하도록 설계
  - 웹 서버 소프트웨어를 수행하는 서버 머신(UNIX 또는 Windows NT머신)과 여러 개의 클라이언트 머신으로 구성되며 클라이언트에서는 SPECweb96 소프트웨어를 이용하여 서버 소프트웨어에 스트레스를 주며 접속 건수에 의해 포화되고 응답 시간이 급격히 저하되는 시점을 초당 최대 HTTP동작의 수가 되며 SPECweb96의 성능 지수로 반영

클라이언트/서버구조의 데이터베이스가 클라이언트(C), 웹서버(WS), 응용서버(AS), 데이터베이스 서버(DB)로 구성되어 있다고 하자. 어떤 e-비지니스 기능의 실행에 대해 각 노드간의 인터랙션(interaction)을 분석한 결과가 다음과 같다고 할 때, 데이터베이스 서버가 사용될 확률은?

- C 에서 WS 로 요청(request)할 확률은 1
- WS 에서 C로 요청할 확률은 0.05, WS 에서 AS 로 요청할 확률은 0.95
- AS 에서 WS 로 요청할 확률은 0.2, AS 에서 DB 로 요청할 확률은 0.8

① 0.19　　　　② 0.76　　　　③ 0.95　　　　④ 1.00

● 해설 :　②번

논리와 확률에 대한 이해 요구

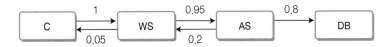

$1 * 0.95 * 0.8 * = 0.76$

● 관련지식 ●●

데이터 베이스가 사용될 확률은 C에서 WS를 사용해야 하고 해당 세션이 또 AS를 사용해야 하고 또 DB를 사용해야 하므로 사용확률을 곱하면 됨.

시스템 용량산정시 고려할 사항 중 가장 관계가 먼 것은?

① 응용시스템 동시 사용자수
② 최번시(Peak Time) 데이터 발생량
③ 성능 및 가용성 관련 요구사항
④ 응용프로그램 개발 언어

● 해설 : ④번

응용프로그램 개발 언어에 대한 고려는 시스템 용량이 아닌 소프트웨어 규모에 사용

● 관련지식 ●●●

- OLTP용 서버(DB서버) 규모산정 방식
  CPU(tmpc단위) = 분당 트랜잭션 수 * 기본 tpmC보정 * 피크타임부하보정 * 데이터베이스 크기 보정 * 어플리케이션 구조 보정 * 어플리케이션 부하 보정 * 네트워크 보정 * 클러스터 보정 * 시스템 여유율

- WEB/WAS용 서버
  - CPU(OPS단위) = 동시 사용자수 * 사용자당 오퍼레이션 수 * 인터페이스 부하 보정 * 피크 타임 부하 보정 * 시스템 여유율
  - 메모리(MB) = {시스템 영역 + (사용자당 필요 메모리 * 동시사용자 수)} * 버퍼캐쉬 보정 * 시스템 여유율
  - 시스템 디스크 = {시스템 OS영역 + 응용프로그램 영역 + SWAP영역} * 파일시스템 오버헤드 * 시스템 디스크 여유율
  - 데이터 디스크 = {데이터 영역 + 백업 영역} * 파일시스템 오버헤드 * RAID 여유율 * 데이터디스크 여유율

365일 24시간 서비스를 제공하는 시스템에서 장애발생으로 8시간의 서비스 중단이 발생한 경우 서비스 가용성은 몇 %인가?(소수점 3자리 이하는 절사)

① 99.50%　　　② 99.90%　　　③ 99.95%　　　④ 99.99%

● 해설 : ②번

　((365*24 − 8) / 365*24) * 100 = 0.999

● 관련지식 •

• 가용성
　가용성 = MTTF/MTBF = Mean Time To Failure/Mean Time Between Failure

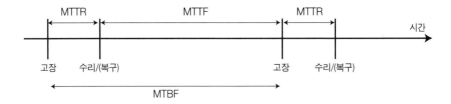

고 가용성(HA : High Availability) 클러스터에 대한 설명으로 <u>거리가 먼 것은?</u>

① 시스템 장애가 없는 단일 노드 방식의 고신뢰성 컴퓨터 시스템이다.
② SAN을 통한 다중 네트워크 연결과 데이터 스토리지를 포함한다.
③ 서비스 연속성이 요구되는 중요 데이터베이스, 비즈니스 응용, 고객서비스 등에 적용되고 있다.
④ 클러스터의 노드 상태를 감시하는 heartbeat 사설망으로 연결된다.

● 해설 : ①번

1)은 결함허용(Fault Tolerant)시스템을 의미함.

● 관련지식 •••

• HA 클러스터의 개념
2대 이상의 시스템을 하나의 Cluster로 묶어서, 한 시스템의 장애 발생시 최소한의 서비스 중단을 위해 Cluster내의 다른 시스템이 신속하게 서비스를 Failover하도록 하는 시스템

	HA 구성(클러스터링)	단일 시스템
시스템 가용성	항상 보장 예) HA 구성 가용성 : 99.999%	장애 복구에 장시간 소요 예) 서버 가용성 : 97%
애플리케이션	시스템이 Down 되어도 대기상태에 있는 서버에서 서비스 가능	시스템을 재구성한 후 다시 서비스 재개
비용 및 효율성	초기 설치 비용에 대한 부담 총 유지보수 비용은 절감	초기 설치 비용 저렴 시스템 장애 시 가용성 보장이 어려움
적용 대상	Business Impact Analysis를 통해 리스크 발생확률과 영향도가 높은 업무서버에 적용	서비스 다운타임을 감내할 수 있는 서버

단일 시스템에 장애가 발생하여 시스템이 중단할 확률이 e 라고 가정했을 때, 동일한 단일시스템을 3중화하여 시스템 구성시 시스템이 가동될 확률은 얼마인가?

① 1 - 3e   ② 1 - e^3 ③ 3e   ④ e^3

● 해설 : ②번

가동 확률 = 1 - 장애발생확률

● 관련지식 ●●

단일 시스템일 때 장애 발생확률: e
단일 시스템의 가동 확률: 1-e
이중화했을 때 장애 발생확률: e * e(A시스템과 B시스템이라고 할 때 모두 장애가 발생되는 확률)
이중화했을 때 가동 확률: 1- e * e
3중화 했을 때 가동 확률: 1 - e * e * e

다음 중 TPC(Transaction Performance Council)의 TPC-E 벤치마크에 대한 설명으로 **틀린 것은?**

① OLTP 환경에서 트랜잭션이 수행되는 동안 영향을 미치는 다양한 요인들을 고려하여 정
   보시스템 성능을 평가하기 위한 모델이다.
② TPC-E의 데이터베이스 테이블은 Market, Customer, Broker, Dimension 등 4개 영역으로
   구성되어 있다.
③ 성능의 측정 단위는 TPC-C가 분당 트랜잭션을 측정하는데 비해서 TPC-E는 초당 트랜
   잭션 수를 사용한다.
④ 벤치마크의 작업부하(Workload)는 24시간 365일 운영되는 B2B 서비스의 액티비티를 시
   뮬레이션 하는 것으로, 인터넷 쇼핑몰을 시나리오로 하고 있다.

● 해설 : ④번

(참조 기출문제 : 2004회 79번)

● 관련지식 ●●●

• TPC의 종류

구분	내용
TPC-C	- 온라인 트랜잭션 처리(OLTP)시스템의 성능과 확장성을 측정하기 위한 산업 표준 벤치마크 조회, 업데이트, 대기 열이 있는 미니 벤치 트랜잭션을 포함하는 데이터베이스 기능의 다양한 면을 테스트 - 가상 주문 입력 및 분산 환경의 분당 업무 트랜잭션 처리량을 측정함 - TPC-C가 보고하는 성능단위는 분당 처리되는 트랜잭션 량(tpmC)
TPC-H	- 온라인 생산 데이터베이스와 동기화된 대량의 데이터에 정책 결정 지원시스템을 시뮬레이션(의사결정시스템, Datawarehouse 등) - 고도로 복잡한 임시 쿼리를 사용하여 가격과 판촉, 수요와 공급, 수익과 이익, 시장 점유율 등 실제 업무 관련 문제에 대응함 - TPC-H와 TPC-R은 지금은 사용하지 않는 TPC-D 벤치마크에서 개발
TPC-W	- 업무 중심 트랜잭션 웹 서버의 기능을 시뮬레이션,작업 부하는 제어된 인터넷 상거래 환경에서 수행되며 이러한 환경과 관련된 여러 시스템 구성 요소들 수행 - TPC-W가 보고하는 성능단위는 초당 처리되는 웹 상호 작용의 수
TPC-R	- TPC-H와 유사(의사 결정 지원) - 신보된 쿼리에 의한 부가 최석화 성능 테스트 - 순간 데이터 수정과 비즈니스 종속된 성능 테스트 결과로 이루어짐
TPC-E	증권회사의 온라인 트랜잭션 프로세싱(OLTP) 작업부하를 모의 실험, 회사의 고객 계정과 관련된 트랜잭션을 수행하는 중앙 데이터베이스에 중점 TPC-E는 초당 트랜잭션으로 측정

다음과 같은 속성을 지니는 저장 장치와 연산 장치로 구성된 정보 시스템의 가용성은 몇 %인가? (소수점 넷째자리 이하는 절사)

- 저장 장치와 연산 장치가 모두 사용 가능한 상태인 경우에 정보 시스템의 서비스를 제공할 수 있다.
- 저장 장치의 MTTF (Mean Time To Failure)는 999 시간이다.
- 저장 장치의 MTTR (Mean Time To Repair)은 1 시간이다.
- 연산 장치의 MTTF는 470 시간이다.
- 연산 장치의 MTTR은 30 시간이다.

① 93.523 %   ② 93.906 %   ③ 97.889 %   ④ 97.933 %

● 해설 : ②번

저장장치 MTTF = 999, MTTR = 1, 가용성 = 999/(999+1)*100 = 99.9%
연산장치 MTTF = 470, MTTR = 30 가용성 = 470/(470+30)*100 = 94%
정보시스템 가용성 = 저장장치 가용률 * 연산장치 가용률 * 100 = 0.999 *0. 94 * 100 = 93.906%

● 관련지식 ●●

가용성 = MTTF/MTBF = Mean Time To Failure/Mean Time Between Failure

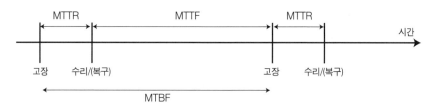

시스템을 이중화하는 간단한 방법은 두 개의 시스템과 하나의 비교기를 사용해서 구현하는 Duplex 시스템이다. 이러한 Duplex 시스템에서 비교 결과가 다를 경우 고장 난 시스템을 구별하는 방법에 대한 설명으로 틀린 것을 모두 고르시오.

① Acceptance Test : 세번째 시스템에 동일한 작업을 수행해서 결과 값이 다른 시스템을 고장 난 시스템으로 판정하는 방법
② Hardware Test : 하드웨어 로직 테스트 루틴을 주기적으로 실행해서 정상적인 여부를 확인하는 방법
③ Forward Recovery : 가장 기초적이고 간단한 방법으로써 각 시스템의 출력 범위를 검사하는 방법
④ Pair and Spare System : Duplex로 구현한 시스템을 쌍으로 준비한 후, Duplex 시스템 비교결과가 다를 경우, 여분으로 준비된 다른 Duplex 시스템으로 전환하여 작업을 수행하고 고장 난 Duplex 시스템은 오프라인으로 고장 진단하는 방법

● 해설 : ①,③번

Acceptance Test는 소프트웨어의 결점을 찾는 기법으로 한 여름에 영하의 온도를 온도계가 나타낼 경우 오류가능성이 있다고 판단할 수 있는데 이러한 논리적 판단기준에 의한 오류 검증 기법임.
롤 포워드 복구 (roll-forward)는 최종적인 단계에서는 LOG내의 모든 정보를 사용하여 실행되었던 모든 변경 사항을 COMMIT의 여부에 관계없이 적용시키는 방식임.

● 관련지식 ●●●

장애 허용 시스템(Fault tolerant system)은 구성 부품의 일부가 고장이 발생하여도 정상으로 동작하는 시스템을 의미함.

구분		내용
장애 복구 방식	롤 포워드 복구 (roll-forward)	– 최종적인 단계에서는 LOG내의 모든 정보를 사용하여 실행되었던 모든 변경 사항을 COMMIT의 여부에 관계없이 적용시키고 (ROLL FORWARD),
	롤백 복구 (roll-back)	– LOG 내의 각 System Check Number별 COMMIT 발생 여부를 찾아 COMMIT이 되지 않은 데이터들을 원위치 시킴 (ROLL BACK)
이중화 시스템 (Fault-tolerance by replication)	리플리케이션 (Replication)	– 동일한 시스템을 복수로 준비하여 병렬로 실행시켜 다수를 만족한 결과를 올바른 결과적으로 적용

구분		내용
이중화 시스템 (Fault-tolerance by replication)	백업화 (Redundancy)	– 동일한 시스템의 복수로 준비하여 장애가 일어나면 보조 시스템으로 전환 – 레이드 (RAID)는 백업화를 활용한 장애 허용 시스템을 기억 장치에 적용한 예 – 레이드 0과 같은 속도만을 향상시키기 위한 시스템도 레이드에 포함되나 이는 엄밀히 말해 장애 허용 시스템에는 해당하지 않음
	다양화 (Diversity)	– 같은 사양에 다른 하드웨어 시스템을 복수로 준비하여 복제화와 같이 그것을 운용. 이 경우, 각 시스템이 똑같은 장애를 일으키지 않음
락스텝 (lockstep) 방식		– 각 부분을 다중화해 병렬해 동작하는 방식으로 다중화된 각 부분은 어느 시점에서 봐도 완전히 같은 상태가 아니면 안 되며 같은 입력을 주었을 경우에 같은 출력을 얻을 수 있는 것을 기대할 수 있음 – 다중화 부분의 출력은 다수결 회로에 모아져 비교되며 . 각 부품을 이중화한 머신 (dual modular redundant, DMR)으로 불림 – 다수결 회로는 결과가 차이가 나는 것밖에 모르기 때문에 복구는 다른 방법으로 실시할 필요가 있음
	삼중화 머신 (triple modular redundant, TMR)	– 이 경우의 다수결 회로는 비교 결과가 2대1이 되었을 때에 오류를 판정하므로 올바른 결과를 출력할 수 있어 오류로 판정된 결과를 버릴 수 있으며 이후, 오류를 일으킨 복제 부품은 고장난 것으로 간주하여 다수결 회로는 DMR 상태로 전환됨 – 복제를 동기시키려면 각 내부 상태가 일치해야 하고 리셋 상태 등의 같은 내부 상태로부터 일제히 동작을 개시할 수 있으며 복제간에 상태를 복사하는 방법도 있음
	pair-and-spare	– DMR 변형의 일종이며 두 복제 부품이 락스텝에서 같은 처리를 실시해 다수결 회로가 상이값을 검출하면 오류 신호를 출력 – 또 하나의 이중화 시스템이 완전히 같은 처리를 하고 있고, 두 이중화 시스템의 출력을 비교해 오류가 되지 않은 것을 적용 – pair-and-spare는 네개 복제가 필요한데 TMR이 필요한 세계보다 많지만 상용 시스템으로 채용된 예도 있음
FT의 요건	동작 지속 (No Single Point of Repair)	– 시스템이 고장 나더라도 지속적으로 동작해야 하며, 복구 작업을 하는 동안 성능 간섭이 없어야 함
	고장 분리 (Fault Isolation to the Failing Component)	– 고장이 발생할 때 시스템은 고장과 분리되어 정상적인 구성 요소에 영향을 주지 말아야 하며 고장 감지 메커니즘이 고장과 분리를 목적으로 존재함을 나타냄
	고장 전염 (Fault Containment)	– 어떤 고장 메커니즘은 시스템을 고장나게 하는 원인이 될 수 있는데 나머지 시스템에게 고장을 전파하므로 격리하는 메커니즘 또는 구성 요소를 잘못되게 하는 것으로부터 보호하는 시스템이 필요함

4개의 디스크를 SCSI로 연결한 RAID 시스템이 있다. 이 시스템의 구성 요소와 각 요소의 MTTF(Mean Time To Failure)는 다음과 같다.

디스크 :	1,000,000 hour
SCSI Controller :	500,000 hour
전원 :	200,000 hour
Fan :	200,000 hour
SCSI Cable :	1,000,000 hour

이 RAID 시스템의 MTTF는 얼마인가? (단위는 hour 임)

① 40,000 이상 50,000 미만
② 50,000 이상 60,000 미만
③ 60,000 이상 70,000 미만
④ 70,000 이상 80,000 미만
⑤ 80,000 이상 90,000 미만

● 해설 : ②번 (전제사항이 정의된 경우) 2010년 시험에서는 모두 정답처리 되었음.

MTTF = 1/시스템의 실패율 = (1,000,000 hours) / 17 = 58,823 hours

● 관련지식 ●●

MTTF 계산을 위해 문제에서는 제시하지 않았던 추가 전제사항을 정의함

1) 컴포넌트의 노후화는 장애 가능성과 관련이 없고 각 장애는 독립적이라고 가정함

2) 서브 시스템의 장애는 모듈의 장애율의 합으로 계산함

3) SCSI 디스크는 4개로 하되 나머지 모듈은 1개로 구성됨.

```
4 SCSI disks, each rated at 1,000,000 -hour MTTF;
1 SCSI controller, 500,000 -hour MTTF
1 power supply, 200,000-hour MTTF
1 fan, 200,000-hour MTTF
1 SCSI cable, 1,000,000-hour MTTF
```

시스템의 실패율 = 1/500,000 + 1/200,000 + 1/200,000 +1/1,000,000 + (4 * 1/1,000,000)

= (2 + 5 + 5 + 1 + 4)/(1,000,000 hours)

= 17 / (1,000,000 hours)

MTTF = 1/시스템의 실패율 = (1,000,000 hours) / 17 = 58,823 hours

만약 MTTR이 24hours 라고 가정하면 Availability = (58,823)/(58,823 + 24) = 99.96%

컴퓨터의 성능은 아래 보이는 바와 같이 몇 개의 중요한 항목들로 분할하여 그 의미를 분석할 수 있다.

$$\frac{\text{초}}{\text{프로그램}} = \frac{\text{명령어 수}}{\text{프로그램}} \times \frac{\text{클럭 사이클수}}{\text{명령어}} \times \frac{\text{초}}{\text{클럭 사이클}}$$

컴퓨터 A가 400Mhz의 주파수로 동작해서 벤치마크 프로그램을 실행하는데 10초가 걸린다고 한다. 새로운 컴퓨터 B를 만들어 그 프로그램을 6초에 동작시키고자 하는 데 평균 1.2배의 클럭 사이클 수가 필요하다고 하면, 컴퓨터 B의 동작 주파수는 최소 얼마로 되어야 하는가?

① 1 GHz   ② 800 MHz   ③ 500 MHz   ④ 200 MHz

● 해설 : ②번

클럭 속도B = (1.2 * 4000 * 10^6 사이클)/6초 = 800 * 10^6 사이클/초 = 800MHz

● 관련지식 •

CPU 사용시간 = 프로그램의 CPU 클럭 사이클 수 * 클럭 사이클 시간

클럭 사이클 : 한 클럭 사이클에 걸리는 시간(예:ns)은 클럭 속도와 역수 관계임 = 초/사이클
클럭 속도 : 클럭 주기의 역수(예:MHz) = 사이클/초

프로그램의 CPU실행시간 = 프로그램의 CPU 클럭 사이클 수 / 클럭 속도
클럭 사이클의 수를 줄이면 성능을 개선할 수 있음.

10초 = CPU 클럭 사이클 수A / 400*10^6 사이클/초

CPU 클럭 사이클 수A = 10초 * 400 * 10^6 사이클/초 = 4000 * 10^6 사이클
CPU 시간 B = 1.2 * CPU 클럭 사이클 수A / 클럭 속도B
6초 = 1.2 * 4000 *10^6 사이클 / 클럭 속도B

클럭 속도B = (1.2 * 4000 * 10^6 사이클)/6초 = 800 * 10^6 사이클/초 = 800MHz

┃시험출제 요약정리┃

1) DAS/NAS/SAN

구분	DAS	NAS	SAN
구성요소	응용시스템 서버 스토리지	응용시스템 서버 전용파일서버,스토리지	응용시스템 서버 스토리지
접속장치	없음	LAN 스위치,FC 스위치	FC 스위치
스토리지 공유	가능	가능	가능
파일시스템 공유	불가능	가능	불가능
파일시스템 관리	응용시스템 서버	파일서버	응용시스템 서버
속도 결정요인	채널속도에 좌우	LAN 채널속도에 좌우	채널속도에 좌우
비고	소규모의 독립된 구성에 적합	파일공유를 위한 안정성과 신뢰성 높음	유연성/확장성/편이성이 가장 뛰어난 구성
구성도			

2) SAN 구성 세부내용

	LAN Free 백업 구성
구성도	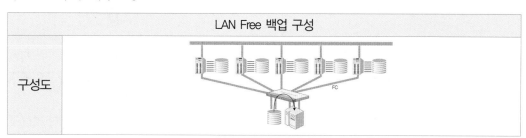

LAN Free 백업 구성	
내용	– LAN Free백업은 주로 대, 중용량의 데이터를 백업받기 위해 백업 구성을 FC 기반의 네트워크에 마스터/슬레이브 구조로 구성하고 대용량의 백업장비의 테이프 드라이브를 각 서버들이 공유하여 백업 및 복구를 수행함 – 고성능의 백업 및 복구 수행 시 공용 네트워크를 사용하지 않으며 네트워크 백업보다 고속의 백업 속도가 보장되며, 백업 담당자의 백업 창을 통합 운영하는 등의 장점이 있음 – 물론 구성방식 이름에서 알 수 있듯이 SAN 스위치/허브를 사용하여 백업장비 테이프 드라이브를 공유함

Server Free 백업 구성	
구성도	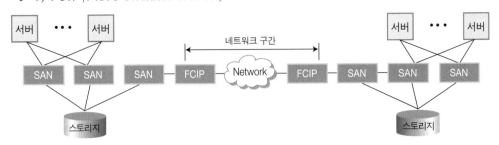
내용	– Server Free 백업방식도 마찬가지로 대, 중용량의 백업 데이터를 백업받기 위해 백업 구성을 마스터/슬레이브 구조로 구성함 – 대용량 백업장비의 테이프 드라이브를 각 서버들이 공유하여 백업 및 복구를 수행하며 고성능의 백업 및 복구 수행, 백업 수행 시 공용 네트워크를 사용하지 않고 백업 시간을 단축할 수 있다는 점, SAN 스위치/허브를 사용하여 백업장비 테이프 드라이브를 공유하는 등의 특징은 LAN Free 백업방식과 동일함 – 다른 점은 운영 서버에 직접적인 부하를 주지 않고 백업 디스크와 백업장비 사이의 SAN 스위치와 직접 연결됨 – 즉 백업서버 없이 백업을 수행하는 것임

3) IP-SAN

3-1) FCIP(Fibre Channel over IP)

- 두 개의 FCIP 장비는 각 각의 IP 주소를 갖고 TCP/IP로 접속하며 이때 두 개의 FCIP는 파이버 채널 스위치간의 주고받는 것과 같은 가상의 ISL(InterSwitch Link)을 위한 메시지를 주고받음.
- FCIP는 기본적으로 IP 네트워크가 에러율이 적고 적절한 성능을 충족해야 한다는 전제조건을 요구

3-2) iFCP(internet Fibre Channel Protocol)

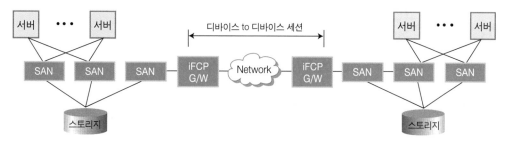

- iFCP 게이트웨이는 파이버 채널 장비를 iFCP 계층에서 파이버 채널 장비의 24비트 패브릭 어드레스를 고유의 IP 어드레스로 매핑함으로써 에뮬레이션
- iFCP의 독특한 특징은 게이트웨이 영역을 생성한다는 것임.
  이러한 특징은 여러 파이버 채널 장비 사이에 통신이 가능하게 하면서 동시에 잠재적인 장애를 특정 지역으로 격리시킬 수 있도록 함.

3-3) iSCSI(internet SCSI)

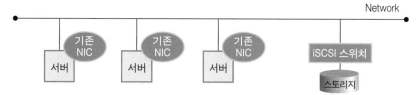

- iSCSI는 SAN을 구성하는 모든 요소가 본래의 iSCSI 이니시에이터(Initiator)와 iSCSI 타깃을 갖는 것을 기본 전제로 하고 있으며, 서버나 스토리지 모두 기가비트 이더넷 인터페이스와 iSCSI 프로토콜 스택을 지원하고, 각 장비는 기가비트 이더넷 스위치나 IP 라우터에 직접 접속할 수 있어야 함.
- iSCSI 프로토콜의 계층 모델을 보면, iSCSI 계층은 운영시스템의 표준 SAM(SCSI Access Method) 명령어 집합과 접속하는데, 이는 FCP에서 동일한 기능을 수행하는 SCSI 명령어 집합과 동일함.

2004년 89번

NAS(Network Attached Storage)와 SAN(Storage Area Network)에 대한 설명 중 **틀린 것은?**

① NAS와 SAN 모두 별도의 네트워크를 필요로 하지 않는다.
② NAS는 서로 다른 이기종 플랫폼 간의 파일 공유를 지원한다.
③ 일반적으로 SAN은 NAS에 비하여 고가의 설치비용이 필요하다.
④ NAS는 별개의 서버가 필요하며, SAN은 별개의 서버가 필요하지 않다.

● 해설 : ①번

> NAS는 LAN을 통해 접속되어 별도의 네트워크가 필요하지 않지만 SAN은 Fiber Channel Switch로 구성되는 별도의 네트워크가 필요함.

● 관련지식 ••

- NAS(Network Attached Storage)
  파일 서비스만을 수행하도록 최적화된 H/W와 S/W를 사용하여 플랫폼에 독립적이고 고성능을 발휘하는 저장장치 기술

장점	단점
- Ethernet 등 기존 네트웍 이용이 가능 - 확장성, 유연성이 높음 - DAS의 Port수 제한에 대한 극복 - NFS사용으로 완벽하게 데이터 공유	- 전용 파일서버를 거쳐 스토리지에 접속되어 접속 단계가 늘어남 - 파일 서버에 특화되어 있어 온라인 트랜잭션에는 DAS만큼 성능이 떨어짐 - File Server에 의해 Storage용량이 제한됨 - 파일서버의 병목현상 발생 - 파일서버가 지원하는 Storage 종류만 지원

- SAN(Storage Area Network)
  서버와 스토리지 사이에 Fiber Channel Switch를 넣어 Any-to-Any연결이 가능하게 하는 네트워크형 저장장치의 일종

장점	단점
- Fiber Channel Switch를 중간에 넣어 연결성과 확장성 뛰어남 - LAN Traffic의 감소 - 전체 디스크 가용성 향상 - 기존 시스템과 쉽게 통합 가능	- 고가의 투자 비용 - 파일 공유 시 Locking과 일관성 문제 존재 - 설치 복잡

다음의 SAN(Storage Area Network)에 대한 설명 중 <u>틀린 것은?</u>

① 전용 네트워크(Fiber Channel)를 통해 고속의 디스크 I/O가 가능하다.
② 서버와 스토리지간 프로토콜로 Encapsulated SCSI를 사용한다.
③ 설치시 거리에 대한 제약이 있으며 비교적 비용이 높다.
④ Physical Layer의 오버헤드가 높다.

● 해설 : ④번

　SAN은 Physical Layer의 오버헤드가 작음.

● 관련지식 ●●

- SAN(Storage Area network)
  - 서버와 스토리지 사이를 전용 케이블로 직접 접속하는 DAS에서 서버와 스토리지 사이의 접속을 끊고 파이버 채널 스위치를 넣은 구성
  - 호스트 컴퓨터에서 SCSI를 통한 Storage 서버와 신속하게 데이터를 주고 받을 수 있는 것처럼 네트워크 상에서 FC의 이점인 고속전송과 장거리 연결 및 멀티 프로토콜 기능을 활용하는 기술
  - 전용 네트워크(Fiber Channel)를 통한 고속 DISK I/O
  - 여러 대의 서버가 Fiber Channel Switch를 통하여 하나의 스토리지 공유
  - 서버–스토리지간 프로토콜 : Encapsulated SCSI
  - 데이터 전송은 Block단위
  - 서버간 물리적인 DISK분할 사용, 단지 외형상 Storage공유
  - 데이터 관리는 연계된 각 서버에서 이루어짐
  - Physical Layer Overhead가 작음
  - 제품간 호환성 문제
  - 비용, 거리의 문제

- IP-SAN
  - IP Protocol을 기반으로 SAN스토리지에 접근하여 데이터를 관리하는 스토리지 기술
  - FC기반을 유지하면서 IP접속 : iFCP, FCIP
  - IP를 중심으로 SAN구축 : iSCSi

IT 환경의 급속한 발전에 따라 스토리지에 저장될 데이터의 양이 폭발적으로 증가하고 있다. 스토리지를 선정할 때의 고려사항과 이에 대한 설명이 틀린 것은?

① 확장성 : 디스크장착수 및 최대용량, 인터페이스 종류별 호스트 접속포트수등
② 신속성 : 데이터 액세스 속도 향상을 위한 아키텍처 즉 구간별 대역폭, 캐시 메모리의 용량, 공유 메모리 용량 등
③ 관리성 : 운영서비스 특성에 따른 RAID(Redundant Array of Independent Disks) 지원 여부, 주요 부품의 중요도에 따른 이중화 구성 여부 등
④ 호환성 : 각 운영체제별 지원 여부 등

● 해설 : ③번

RAID는 가용성을 위한 고려사항임.

● 관련지식 ●

• 스토리지 선정 시 일반적 고려사항

구분	내용
가용성	Business 요구사항을 충분히 고려한 이중화된 설계로서 구조적 안정성을 고려
성능의 첨단성	대용량 데이터 처리에 맞는 High Bandwidth의 지원여부, 사업 규모 확장에 따른 추가되는 대역폭을 충분히 소화할 수 있는 Broad Bandwidth 지원유무, 동시접속자에 대한 원활한 업무수행 지원 등
호환성	Open-Platform으로서 다양한 개별 시스템들과 상호 연동 지원
확장성	데이터의 폭발적 증가 추세에 따른 경제적인 확장성 지원
간편성	설치의 간편성과 네트웍 및 스토리지 인프라 스트럭처 관리 및 확장과 운영에 손쉬운 지원
관리의 용이성	문제발생시 국내에서 신속하게 대처할 수 있는 지원 체제 시스템 자체의 유지 관리에 편리성 제공
경제성	초기구입비용, 확장시 발생 비용, 시스템 운영에 요구되는 유지관리 비용, 시스템 안정성과 성능에 따른 기회비용 등

주로 대용량의 데이터 백업을 받기 위해 백업 구성을 FC(Fiber Channel) 기반의 네트워크에 마스터/슬레이브 구조로 구성하고 대용량의 백업장비의 테이프 드라이브를 각각 서버들이 공유하여 백업 및 복구를 수행하는 백업 방식은?

① 공용네트워크 백업
② 전용네트워크 백업
③ LAN Free 백업
④ Server Free 백업

● 해설 : ③번

● 관련지식 ●●●

• 백업 구성 방식

구분		내용
로컬/다이렉트 백업	단독형 로컬 백업	서버와 저장장치를 직접 연결한 백업
	집중형 로컬 백업	중앙통제 강화를 위해 등장 SCSI/FC
네트워크 백업	공용 네트워크 백업	기존의 서비스 네트워크를 사용하면서 중, 소용량의 데이터를 백업받기 위한 시스템 구성방식

구분		내용
네트워크 백업	전용 네트워크 백업	서비스에 대한 백업 트래픽 부담을 회피하기 위해 등장
SAN	Lan Free 백업	대, 중용량의 데이터를 백업받기 위해 백업 구성을 FC기반의 네트워크에 마스터/슬래이브 구조로 구성하고 대용량의 백업장비의 테이프 드라이브를 각 서버들이 공유하여 백업 및 복구 수행
	Server Free백업	LAN Free백업과 특징은 동일하나 운영서버에 직접적인 부하를 주지 않고 백업 디스크와 백업장비 사이의 SAN스위치 혹은 별도의 백업 장비를 통해 백업을 수행하는 점이 틀림.

RAID(Redundant Array of Independent Disks) 레벨에서 여러 개의 디스크를 이중화한 후 데이터를 스트라이핑 함으로써 시스템 입출력 속도를 대폭 향상시킨 레벨은 무엇인가?

① RAID 레벨 0
② RAID 레벨1
③ RAID 레벨 0/1 결합
④ RAID 레벨 5

● 해설 : ③번

● 관련지식 •••

• RAID

구분		내용
RAID 0	RAID 0 Disk 0 Disk 1 A1 A3 A5 A7 A2 A4 A6 A8	- 2개 이상의 디스크를 사용하여 2개 이상의 볼륨을 구성하는 것으로 단순히 볼륨마다 디스크를 나열해 놓았기 때문에 스트라이핑 모드라 불림 - 특정데이터를 저장할 때 볼륨의 수만큼 나누어 같은 디스크의 같은 섹터에 병렬로 기록하여 읽기/쓰기 성능이 향상되나 데이터복구가 불가능함
RAID 1	RAID 1 Disk 0 Disk 1 A1 A2 A3 A4 A1 A2 A3 A4	- 동일한 RAID 볼륨을 추가적으로 구성한 것으로 구성한 볼륨이 서로 동일하기 때문에 미러링 모드로 불림 - 읽기 성능은 다중 스레드를 사용할 경우 분할해서 읽기 때문에 성능향상이 있으나 쓰기는 중복해서 써야 하므로 성능이 저하됨
RAID 2	RAID 2 Disk 0 Disk 1 Disk 2 Disk 3 Disk 4 Disk 5 Disk 6 A1 B1 C1 D1 A2 B2 C2 D2 A3 B3 C3 D3 A4 B4 C4 D4 AP1 BP1 CP1 DP1 AP2 BP2 CP2 DP2 AP3 BP3 CP3 DP3	- 4개의 볼륨을 스트라이핑 모드로 구성하고 추가적으로 3개의 볼륨을 이용해 앞의 4개의 볼륨에 대한 정정코드인 패러티를 저장하게 됨 - 패러티는 일반적으로 해밍코드로 계산함 - 총7개의 디스크가 사용된 이유는 각 볼륨간의 패러티를 별도로 저장하기 때문이며 여러 개의 디스크에 오류가 발생해도 복구가 가능함

구분	내용
RAID 3 RAID 3 Disk 0 A1 A4 B1 B4 / Disk 1 A2 A5 B2 B5 / Disk 2 A3 A6 B3 B6 / Disk 3 Aᵖ₁₋₃ Aᵖ₄₋₆ Bᵖ₁₋₃ Bᵖ₄₋₆	− 패러티 저장을 위해 데이터 저장 볼륨 만큼의 부가적인 볼륨이 필요했던 RAID2의 문제점을 개선하여 하나의 볼륨만으로 패러티를 저장하므로 디스크의 추가적인 비용이 절약되며 바이트 레벨의 패러티를 생성하여 각 볼륨의 바이트를 간단히 XOR 연산을 통해 계산이 가능함. − 패러티 저장을 위해 최소한 3개의 디스크가 필요함
RAID 4 RAID 4 Disk 0 A1 B1 C1 D1 / Disk 1 A2 B2 C2 D2 / Disk 2 A3 B3 C3 D3 / Disk 3 Aᵖ Bᵖ Cᵖ Dᵖ	− RAID3와 구성에 차이가 없으나 RAID 4는 패러티를 바이트가 아닌 블록단위로 데이터를 생성하여 성능이 향상되는 장점이 있으며 패러티 저장에 최소 3개의 디스크가 필요함
RAID 5 RAID 5 Disk 0 A1 B1 C1 Dᵖ / Disk 1 A2 B2 Cᵖ D1 / Disk 2 A3 Bᵖ C2 D2 / Disk 3 Aᵖ B3 C3 D3	− RAID 4는 패러티 디스크들이 같은 볼륨에 속해 있기 때문에 데이터의 변화가 빈번할 경우 디스크 볼륨에 부하를 받게 되므로 성능상의 효율을 위해 패러티 디스크들을 각 볼륨에 분할한 방식 − 패러티 디스크는 최소 3개가 필요함
RAID 6 RAID 6 Disk 0 A1 B1 C1 Dᵖ Eᵖ / Disk 1 A2 B2 Cᵖ Dᵖ E1 / Disk 2 A3 Bᵖ Cᵖ D1 E2 / Disk 3 Aᵖ B3 C2 D2 E3 / Disk 4 Aᵖ B3 C3 D3 Eᵖ	− RAID 5에 신뢰성을 더한 방식으로 RAID 5에서는 2개의 디스크가 동시에 오류가 발생되면 복구가 어렵지만 RAID 6는 패러티의 디스크를 하나 더 추가해 동시에 오류가 발생해도 복구가 가능하며 볼륨의 가로방향, 세로방향의 패러티 생성이 가능하며 추가적인 패러티 디스크는 4개가 필요함

2007년 79번

정보 저장의 고가용성을 향상시키기 위하여 만들어진 RAID 기술에서 사용하고 있지 <u>않은</u> 기술은?

① Mirroring   ② Disk Partitioning   ③ Virtual Disk Block   ④ Dedicated Parity Disk

● 해설 : ②번

Disk Partitioning이란 물리적인 하드디스크의 공간을 논리적으로 분할하는 기술임.

● 관련지식 ●●

- RAID
  - RAID는 크게 패러티를 저장하지 않는 방식과 저장하는 방식으로 나뉘고 패러티를 저장하는 방식은 데이터 청크(블락)에 저장하는 방식과 별도 디스크에 저장하는 방식으로 통상 10가지 유형으로 나뉘며 공식적으로 인정받는 유형은 RAID 6 까지임.
  - RAID-1은 미러링 방식이며 RAID-2 만이 해밍코드를 사용함.
  - RAID-3는 패러티가 byte로 저장되는 방식이고 RAID-4는 패러티가 block으로 저장되는 방식임.
  - RAID-5는 별도 패러티 디스크가 없이 데이터 디스크에 패러티와 데이터가 함께 저장되는 방식임.

1) 패러티를 저장하지 않는 방식
  ① RAID 0 : 데이터를 단순 분산 저장(스트라이프)하는 방식
  ② RAID 1 : 데이터를 미러링(완전중복)하는 방식
  ③ RAID 0+1 : 스트라이프된 디스크를 미러링하는 방식
  ④ RAID 1+0 : 데이터는 미러링 되고 추가하여 스트라이프된 디스크를 별도 저장하는 방식

2) 패러티를 저장하는 방식
  가. 데이터 블락에 저장하는 방식
    ① RAID 5 : 데이터블락에 패러티블락(Chunk)를 함께 저장하는 방식
    ② RAID 6 : 패러티를 듀얼로 생성하여 패러티 블락에 저장하는 방식
  나. 별도 디스크에 저장하는 방식
    ① RAID 2 : ECC Hamming code 가 서상된 디스크를 여러개 관리하는 방식
    ② RAID 3 : 패러티를 별도 1개 디스크에 저장하되 Byte 레벨의 작은 단위로 관리하는 방식
    ③ RAID 4 : 패러티를 별도 1개 디스크에 저장하되 Block 레벨의 큰단위로 관리하는 방식 (CAD 등에 적합)
    ④ RAID 7 : 패러티를 별도 디스크에 저장하고 Real time OS 콘트롤러가 설치되는 방식

RAID 기술에 대한 설명이 옳게 짝 지어진 것은?

> 가. RAID-1은 디스크 미러링(Mirroring)방식이라고도 부르며, 데이터 디스크에 저장 된 모든 데이터들은 미러 디스크에도 복사된다.
> 나. RAID-2,RAID-3은 오류 검출을 위하여 해밍코드(Hamming code)를 사용한다.
> 다. RAID-1,RAID-2와 RAID-3은 데이터가 비트 단위로 분산저장되며, RAID-4와 RAID-5는 블록단위로 분산 저장된다.
> 라. RAID-5는 RAID-4와 기본적인 설계 개념은 동일하나, RAID-4와는 달리 패러티 (Parity)블록들을 모든 디스크에 분산저장하여 패러티 디스크에 대한 병목현상을 완화시켰다.

① 가, 라   ② 나, 다   ③ 가, 나   ④ 다, 라

● 해설 : ①번

● 관련지식 ●●

• RAID

	Data		Parity	
	Stripe	Redundancy	Type	Redundancy
RAID 0	O	–	–	–
RAID 1	–	O	–	–
RAID0+1	O	O	–	–
RAID 2	O	–	ECC Hamming	별도 N disk
RAID 3	O	–	Byte Parity	별도 1 disk
RAID 4	O	–	Block Parity	별도 1 disk
RAID 5	O	Parity Chunk	Parity Chunk	–
RAID 6	O	Parity Chunk	Parity Chunk	Second Parity
RAID 7	O	–	Real Time OS with Parity disk	
RAID 10	O	O	–	–

FC SAN(Fiber Channel Storage Area Network)이 기업들에게 많은 이점을 제공하고 있지만 아직도 해결해야 할 과제들이 많다. 이에 따른 대안으로 나온 것이 IP SAN이다. IP SAN의 특징으로 옳지 않은 것은?

① 거리 제한 없이 연결할 수 있다.
② iSCSI(Internet SCSI)프로토콜을 사용한다.
③ 기가비트 이더넷을 사용하여야 성능을 향상할 수 있다.
④ 서버에서 스토리지에 연결할 때 HBA(Host Bus Adapter)를 사용한다.

● 해설 : ④번

● 관련지식 ••

• SAN
  – IP SAN은 iSCSI(Internet SCSI) 스토리지 프로토콜을 사용하는 IP 네트워킹 인프라를 기반으로 하는 SAN으로, 파이버 채널 네트워킹 인프라에서 FCP(Fibre Channel Protocol)를 사용하는 파이버 채널 SAN에 상응하는 개념

  – 일반적으로 파이버 채널 SAN을 구축할 때 서버에서 스토리지 연결시 HBA(Host Bus Adapter)를 거쳐 파이버 채널 SAN 스위치를 통해 스토리지로 연결되지만 IP SAN은 HBA 대신 네트워크 카드를, SAN 스위치 대신에 네트워크 스위치를 사용하기 때문에 기존의 IP 네트워크를 그대로 활용해 적은 비용으로 시스템을 구축할 수 있는 것이 가장 큰 특징임

  – SAN은 서버당 스토리지 연결비용이 고가이고 폐쇄적인 특징의 약점이 있어 최근 IP 기반의 IP SAN 기술이 적용되고 있으며 iSCSI나 FCIP IP SAN 방식을 사용하여 저비용 스토리지 통합과 거리제한 없이 기가비트 이더넷을 통해 고속(약 10Gbps) 속도 제공

다음 중 반도체 메모리의 설명으로 가장 적절하지 **않은** 것은?

① 플래시 메모리는 비휘발성 메모리로 대용량 저장형인 NAND-타입과 빠른 처리속도가 특징인 NOR-타입이 있다.
② DRAM은 집적도가 높아 주로 프로세서 내부의 캐시 메모리로 많이 사용된다.
③ DRAM은 한 개의 트랜지스터만 가지고도 한 개의 셀을 구현할 수 있지만 데이터가 소멸되지 않도록 일정 시간 안에 다시 읽고 써주어야 하는 재생(Refresh) 과정이 필요하다.
④ 메모리 계층 구조의 가장 최상위에 위치하는 것은 프로세서 내부의 레지스터(혹은 레지스터 파일)이다.

● **해설 : ②번**

DRAM은 메인 메모리에 사용되며 캐시는 DRAM 보다 빠른 SRAM으로 구성함.

● **관련지식** ●●

1) Memory의 유형

구분	내용
휘발성(Volatile) 메모리	전원을 끄면 데이터가 그대로 남아 있지 않는 메모리 예) DRAM, SRAM
비휘발성(Non-volatile) 메모리	전원을 꺼도 계속 데이터가 저장이 됨 예) FLASH, MASK ROM, M-RAM, P-RAM, Fe-RAM

2) 주요 Memory의 특장점

구분		내용
DRAM	DRAM의 주요 특징	PC의 주기억장치와 그래픽 카드의 메모리로 활용되며 일정한 주기로 refresh라고 하는 동작을 해서 데이터를 보존해 주어야 하기 때문에 소모 전력이 큰 단점이 있지만 FLASH에 비해서 동작속도가 빠르고 SRAM에 비해서 집적도가 크기 때문에 범용으로 사용됨.
	DRAM의 유형	저전력 SRAM(Low Power SRAM)과 FLASH 메모리에 의해 대체되는 추세이며 DRAM은 데이터입출력을 어떻게 설계하는 가에 따라 EDO DRAM, S-DRAM(Synchronous-DRAM), AS-DRAM(Asynchronous-DRAM), DDR-DRAM, RDRAM(Rambus-DRAM)등으로 구분함.

구분	내용
SRAM	SRAM은 가장 먼저 개발이 된 메모리로서 속도와 소모 전력에 따라서 Low Power SRAM과 High Speed SRAM으로 구분되며 주로 mobile 기기의 주기억장치와 중대형 이상의 컴퓨터들 (예를 들면 슈퍼 컴퓨터)의 주기억 장치로 사용됨.
Flash Memory	– 메모리의 속도에 있어서는 SRAM과 DRAM에 비해서 저속이기 때문에 기기의 주기억 장치로는 쓰이지 않고 Data 저장의 목적으로 주로 사용됨. – FLASH 메모리는 그것을 구현하는 물리적 원리로 인해 실제 Cell은 1Giga bit를 만들고도 2Giga bit 또는 4 Giga bit로도 만들 수가 있으며 MLC(Multi Level Chip) 라고 하며, 집적도가 가장 뛰어난 방식임. – Flash 메모리는 전기적 소거 동작이 원하는 Block, Sector 또는 전체 chip 단위로 수행되고, 프로그램은 한 개의 비트 단위로도 수행할 수 있도록 Architecture를 구성한 EEPROM의 개량된 형태를 가리키는 것임. – Flash 메모리는 기억 단위가 섹터로 분할되어 Format되는 디스크 형 보조기억 장치와 그 구조가 유사함. – 전원을 꺼도 D램.S램과 달리 데이터가 없어지지 않으며 여기에 정보의 입. 출력이 자유로운 D램. S램의 장점도 지녀 쓰임새가 갈수록 커지는 반도체 유형임.

3) Flash Memory의 유형

	NAND	NOR
개념	– 플래시 메모리는 NOR FLASH와 NAND FLASH가 있다고 있는데 메모리를 만드는 기본 원리는 동일하지만 Cell을 어떻게 구성했는가에 따라 구분이 되어 짐 – Flash 메모리는 기존 EEPROM셀의 구성과 동작을 변형한 것으로 그 명칭은 1984년 도시바가 Flash EEPROM이라는 이름으로 논문을 발표한 것에서 유래함	
	DATA 저장형(데이터 저장용량이 큼)	CODE 저장형(처리속도가 빠름)
장점	메모리의 집적도 면에서는 NAND FLASH가 NOR FLASH보다 동일한 공정을 사용한다고 하면 8배 가량 뛰어남	read와 program 동작을 위한 address decoding을 DRAM의 것과 유사하게 구성하여 주변회로가 간단해지고, read / write 속도에서는 NOR FLASH가 우수함
단점	읽기 동작에 앞서 먼저 해당 block을 선택해야만 하고, 각 셀이 직렬로 연결되어 동작 저항이 크기 때문에 읽기 속도가 상대적으로 느리다는 단점	각 셀마다 비트선의 접촉전극이 필요하므로 NAND형에 비하여 셀 면적이 커지는 단점
아키텍처	비트 선과 접지선 사이에 셀이 직렬로 배치	비트 선과 접지선 사이에 셀이 병렬로 배치
업체	삼성(한),도시바(일)	인텔(미),ADM(미),샤프(일),후지쯔(일)

개량 NOR형은 기존의 NOR형과 NAND형의 장점을 취한 것으로 복수 개의 셀 트랜지스터를 공통 소스 선과 공통 비트 선 사이에 병렬로 구성하여 비트선의 접촉전극을 생략한 구조

C10. ITSM

1) ITIL v3.0

ITIL v2의 IT 서비스 서포트, IT 서비스 딜리버리 11개 영역을 5개 영역으로 재조함하고 전략적 의사결정을 중심으로 서비스 설계, 변경 및 리스크관리, 서비스 운영, 서비스 품질개선 및 측정으로 구성

구분		내용
서비스전략	수요관리	서비스에 대한 고객의 수요를 만족할 수 있는 용량 파악
	재무관리	서비스 사용에 대한 비용산정과 원가배분
	비즈니스 서비스관리	비즈니스 고객에게 제공되는 비즈니스 서비스관리
	서비스 포트폴리오	서비스의 전체 생명주기관리
서비스설계	서비스 카탈로그관리	IT 서비스에 대한 정보를 보관하는 데이터베이스,문서관리
	서비스 수준관리	합의된 서비스 수준목표에 대한 모니터링 및 관리
	용량관리	용량과 성능을 비용대비 효과 측면에서 관리
	가용성관리	IT인프라에 대한 가용성 수준관리
	정보보안관리	IT 서비스에 대한 기밀성, 무결성, 가용성 확보
	공급자관리	공급자들 간 계약 이행 충족관리 프로세스
	IT서비스 연속성관리	IT 서비스의 위험요인 식별과 관리 프로세스
서비스전환	지식관리	조직내 정보를 수집,분석,저장, 공유하는 프로세스
	배치관리	하드웨어,소프트웨어를 운영환경으로 이관하는 프로세스
	전환계획 수립/지원	전환프로세스 계획수립 및 자원 조정 프로세스
	테스트	설계사양 및 비즈니스 요구충족 검증 프로세스
	평가	위험수준에 대한 평가와 변경 수행여부 결정
	변경관리	생명주기상의 모든 변경발생 통제관리
	형상관리	IT 서비스 제공에 필요한 형상항목에 대한 정보유지관리

구분		내용
서비스운영	서비스 운영 활동	감시 및 통제, 인프라관리
	문제관리	문제 생명주기 관리
	운영관리	IT 운영통제와 시설관리
	접근관리	승인된 사용자들에 대한 자산 접근 및 변경
	이벤트관리	이벤트에 대한 생명주기 전반에 대한 관리
	인시던트관리	인시던트에 대한 생명주기 전반에 대한 관리
	서비스데스크	서비스 제공자와 사용자들 간의 단일 접점
	기술적관리	IT서비스 및 IT인프라의 기술적 스킬 제공
지속적개선	개선프로세스	6 시그마 개선프로세스
	서비스 측정	기술적 측정, 프로세스 측정
	서비스 보고	달성도 및 추세 보고

2) SLA(Service Level Agreement)

- IT서비스를 제공하는 업체와 사용하는 업체간의 협약을 의미
- 제공하는 서비스의 성능과 가용성 등 일정한 서비스 수준을 보장하기 위해 맺는 업체간 계약

개발 프로세스	내용
서비스 범위 및 내용 정의	고객을 정의하고 서비스 요구사항 문서화
서비스 수준 관리 지표 선정	서비스 수준을 표현하기 위한 항목에 대해 기준이나 목표치를 정의해둔 SLM의 관리 항목 선정
서비스 목표 수준 설정	서비스 공급자와 사용자간에 서비스 내용을 어떻게 표기할 것인지를 정의 Ex)상, 중, 하 또는 양호, 보통, 불량 또는 90%이상, 80%이상 등.
패널티/보상 기준 결정	Mesurement 결과 서비스 수준에 따라 위약금, 보증금, 상여금 등을 결정

2-1) SLA(Service Level Agreement) 프레임워크

구분	내용
서비스내용	서비스 방법과 구간 등 서비스 내용
SLO	서비스 수준의 측정항목에 대해 기준이나 목표치를 정의로 보상의 대상이 되는 항목

구분	내용
목표/기준	SLO항목에 대한 목표치, 보고항목에 대한 기준치
보상체계	SLO 항목에 대한 목표치의 미 준수시 보상해야 하는 금액의 산정기준과 방법
측정방법	SLO항목에 대한 측정 도구와 측정 방법

2-2) ITIL v2

구분	내용
ITIL v2의 영역	Planning to Implement Service Management, Service Support, Service Delivery, Security Management, Application Management
Service Support 세부영역	Service Desk, Incident Management, Problem Management, Change Management, Release Management, Configuration manage
Sevice Delevery 세부 영역	Service Level Management, Financial management, Availablility Management, Capacity Management, IT Service Continuity Management

2005년 81번

SLA(Service Level Agreement:서비스 수준협약)의 개발 프로세스를 4단계로 나눌 경우 올바른 순서는?

A. 서비스 목표 수준 설정   B. 페널티/보상 기준 결정
C. 서비스 수준 관리 지표 선정   D. 서비스 범위 및 내용 정의

① D-C-A-B   ② D-C-B-A   ③ B-A-C-D   ④ A-B-D-C

● 해설 : ①번

● 관련지식 ●

- SLA(Service Level Agreement)
  - IT서비스를 제공하는 업체와 사용하는 업체간의 협약을 의미
  - 제공하는 서비스의 성능과 가용성 등 일정한 서비스 수준을 보장하기 위해 맺는 업체간 계약

- SLA(Service Level Agreement) 개발프로세스

구분	내용
서비스 범위 및 내용 정의	고객을 정의하고 서비스 요구사항 문서화
서비스 수준 관리 지표 선정	서비스 수준을 표현하기 위한 항목에 대해 기준이나 목표치를 정의해둔 SLM의 관리 항목 선정
서비스 목표 수준 설정	서비스 공급자와 사용자간에 서비스 내용을 어떻게 표기할 것인지를 정의 예) 상, 중, 하 또는 양호, 보통, 불량 또는 90%이상, 80%이상 등.
패널티/보상 기준 결정	Mesurement 결과 서비스 수준에 따라 위약금, 보증금, 상여금 등을 결정

ITIL(Information Technology Infrastructure Library)은 여러 개의 분야로 이루어져 있다. 다음의 보기 중에서 해당하지 **않는** 것은?

① 서비스 지원(Service Support)   ② 서비스 제공(Service Delivery)
③ 보안 관리(Security Management)   ④ 서비스 데스크(Service Desk)

● 해설 : ④번

● 관련지식 ••

- ITIL v3
  - ITIL v2의 IT 서비스 서포트, IT 서비스 딜리버리 11개 영역을 5개 영역으로 재조합하고 전략적 의사결정을 중심으로 서비스 설계, 변경 및 리스크관리, 서비스 운영, 서비스 품질개선 및 측정 등으로 구성

구분	내용	
Service Strategy	– 고객, 서비스, 전략을 위한 불확실성과 복잡성 관리 – IT서비스 전략 수립방안	전략적 의사결정
Service Improvement	– 경영측면의 ROI분석 – ITSM의 품질 측정	서비스 품질개선 및 측정
Service Design	– 정책, 아키텍처, 서비스 모델 – 효과적인 기술, 프로세스, 측정방안 설계	서비스 설계, Blueprint
Service Operation	– End to End 서비스 운용 Practice – Incident, Problem 관리 프로세스	안정적인 서비스 운용
Service Transition	– 변경, Release, 구성관리 프로세스 – 리스크와 품질보장 디자인 – 조직관리, 문화정착, 변화 관리	변경 및 리스크 관리, 품질 보장

1980년대 후반 영국 OGC(Office of Government Commerce)에 의해 개발된 ITIL(IT Infrastructure Library)는 IT 서비스관리 분야의 업계 표준으로 자리 잡고 있다. 이러한 ITIL의 영역으로 해당되지 <u>않는</u> 것은?

① Performance Management
② ICT Infrastructure Management
③ Security Management
④ Application Management

● 해설 : ①번

● 관련지식 ●●●

ITIL v2의 영역: Planning to Implement Service Management, Service Support, Service Delivery, Security Management, Application Management

구분	내용
Service Support	Service Desk, Incident Management, Problem Management, Change Management, Release Management, Configuration manage
Sevice Delevery	Service Level Management, Financial management, Availablility Management, Capacity Management, IT Service Continuity Management

SLA(Service Level Agreement)는 정보시스템 서비스 제공업체와 고객사이의 서비스 수준의 정의와 내용에 대한 계약사항이다. 이는 발생 가 능한 서비스 수준의 차이를 최소화하여 고객의 불만족을 제거하는데 기여한다. 이와 같은 SLA의 포함 내용으로 가장 적합하지 <u>않은</u> 것은?

① 서비스의 범위 및 요구사항
② 책임사항 정의
③ 평가에 따른 패널티 규정
④ 수집 데이터의 항목과 측정 방법

● 해설 : ④번

　SLA의 주요 포함내용으로는 서비스 범위 및 내용 정의, 서비스 수준 관리 지표 선정, 서비스 목표 수준 설정, 패널티/보상 기준 결정이 포함됨.

● 관련지식 ●●

　– IT 서비스 목표수준을 정의 및 합의하고 서비스 수준에 대한 모니터링 및 보고활동을 지속적으로 관리하고 개선하기 위해 SLA/SLM을 관리함.
　– SLA는 서비스 제공자와 고객이 서비스에 대한 지속적 개선과 공동 책임을 정의하는 것이며 일방적인 귀책을 묻기 위한 근거로 활용하는 개념은 아님.
　– SLA의 포함 내용으로 서비스와 산출물에 대한 설명, 합의된 서비스 시간, 사용자 응답시간, 인시던트 응답시간과 해결시간, 변경에 대한 응답시간, 서비스 가용성, 보안과 연속성 목표, 고객과 제공자의 책임, 예외사항의 내용을 포함함.
　– SLA는 전사,특정 부문으로 나뉘어지며 운영수준협약(Operation Level Agreement)를 별도로 관리할 수 있음.

2007년 80번

IT서비스관리(ITSM)는 서비스지원프로세스(Service Support Process)와 서비스공급프로세스(Service Delivery Process)로 크게 구분할 수 있다. 다음 중 서비스지원프로세스에 해당하는 것은?(2개 선택)

① 가용성 관리   ② 구성관리   ③ 장애관리   ④ 용량관리

● 해설 : ②,③번

ITIL v2의 영역: Planning to Implement Service Management, Service Support, Service Delivery, Security Management, Application Management
  1) Service Support 세부영역 : Service Desk, Incident Management, Problem Management, Change Management, Release Management, Configuration manage
  2) Sevice Delevery 세부 영역 : Financial management, Availablility Management, Capacity Management, IT Service Continuity Management

● 관련지식 ···

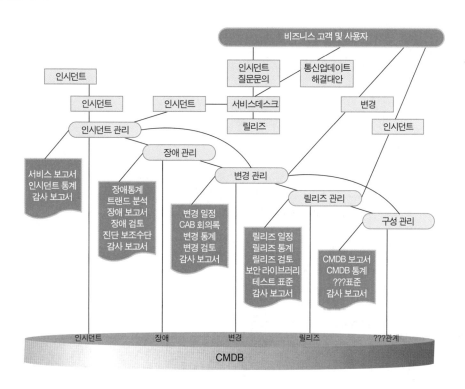

다음 ITSM(IT Service Management)과 ITIL(IT Infrastructure Library)에 대한 설명으로 **틀린 것은?**

① ITSM은 서비스를 이용하는 고객과 서비스 제공자 간에 서비스 수준을 합의하여 그 수준에 맞게 품질을 유지하도록 하는 IT 서비스 관리 기법이다.

② 고객과 서비스 제공자 간의 서비스 수준은 SLA(Service Level Agreement)에 의해 정의가 가능하다.

③ ITIL(버전 2.0)의 서비스 지원 프로세스(Service Support Process) 영역은 서비스 수준 모니터링에 필요한 제반 프로세스를 정의한다.

④ ITIL(버전 3.0)은 서비스관리 수명주기에 따라 서비스 전략(Strategy), 서비스 설계(Design), 서비스 전환(Transition), 서비스 운영(Operation), 지속적 서비스 개선(Continual Service Improvement)으로 구성되어 있다.

● 해설 : ③번

- 서비스 수준 모니터링은 Service Delivery의 SLM영역에서 다루어짐
- Sevice Delivery 세부 영역: Service Level Management, Financial management, Availablility Management, Capacity Management, IT Service Continuity Management

● 관련지식 ●●●

- ITIL v3

ITIL v2의 IT 서비스 서포트, IT 서비스 딜리버리 11개 영역을 5개 영역으로 재조합하고 전략적 의사결정을 중심으로 서비스 설계, 변경 및 리스크관리, 서비스 운영, 서비스 품질개선 및 측정 등으로 구성

구분	내용	예
Service Strategy	- 고객, 서비스, 전략을 위한 불확실성과 복잡성 관리 - IT서비스 전략 수립방안	전략적 의사결정
Service Improvement	- 경영측면의 ROI분석 - ITSM의 품질 측정	서비스 품질개선 및 측정
Service Design	- 정책, 아키텍처, 서비스 모델 - 효과적인 기술, 프로세스, 측정방안 설계	서비스 설계, Blueprint
Service Operation	- End to End 서비스 운용 Practice - Incident, Problem 관리 프로세스	안정적인 서비스 운용
Service Transition	- 변경, Release, 구성관리 프로세스 - 리스크와 품질보장 디자인 - 조직관리, 문화정착, 변화 관리	변경 및 리스크 관리, 품질 보장

다음의 (A)에서 (D)는 SLA를 추진하기 위한 방법을 단계적으로 정의하고 있다. 이 단계를 옳게 나열한 문항을 고르시오.

(A) 서비스 범위 및 내용 정의   (B) 서비스 수준관리 지표 선정
(C) 패널티/보상기준 결정   (D) 서비스 목표 수준 결정

① (B)→(A)→(C)→(D)   ② (A)→(B)→(D)→(C)
③ (C)→(D)→(A)→(B)   ④ (D)→(C)→(B)→(A)

● 해설 : ②번

SLA 추진을 위해 서비스 도출(범위 및 내용정의), 측정방법 정의(수준관리 지표 선정), 서비스 목표설정, 서비스 관리기준 설정(패널티/보상기준 정의)의 단계를 수행함.

● 관련지식 ●●

• SLA 추진단계

구분		내용
서비스 조사단계	SLA 추진 프로젝트 착수	추진조직구성,작업일정계획수립,팀원 교육
	서비스 현황 조사	업무현황조사,시스템 현황조사
	서비스 내용 조사	서비스항목조사, 서비스 내용 및 절차 조사
서비스 정의단계	서비스 도출	서비스 범위 및 내용정의, 서비스 절차정의, 서비스 역할 및 책임 정의
	측정방법 정의	서비스 수준관리 지표(측정항목) 선정, 측정방법 및 도구 정의, 보고 및 승인 절차 정의
서비스 협약단계	서비스 목표설정	지표 측정 및 보고, 측정항목 및 방법 조정,서비스 목표 수준 결정
	서비스 관리기준 설정	패널티/보상기준 결정
	협약체결	협약서 협상과 조정, SLA 승인
서비스 관리단계	서비스 즉성/보고	서비스 성과측정, 측정결과 분석 및 평가
	평가 및 조치	서비스 성과분석, 서비스 및 업무 조정
	서비스 통제	서비스 개정요청, 영향분석, 변경관리

시스템 구조

감리사 기출풀이

1판 1쇄 인쇄 · 2011년 3월 30일
1판 1쇄 발행 · 2011년 4월 15일

지 은 이 · 이춘식, 양회석, 최석원, 김은정
발 행 인 · 박우건
발 행 처 · 한국생산성본부
　　　　　　서울시 종로구 사직로 57-1(적선동 122-1) 생산성빌딩
등록일자 · 1994. 9. 7
전 　 화 · 02)738-2036(편집부)
　　　　　　02)738-4900(마케팅부)
F　A　X · 02)738-4902
홈페이지 · www.kpc-media.co.kr
E-mail · kskim@kpc.or.kr
I S B N · 978-89-8258-620-0 03560